计算机人工智能与网络发展探索

李平 王琼 郭乐 著

辽宁大学出版社 沈阳
Liaoning University Press

图书在版编目（CIP）数据

计算机人工智能与网络发展探索/李平，王琼，郭乐著. --沈阳：辽宁大学出版社，2024.12. --ISBN 978-7-5698-1890-1

Ⅰ.TP18；TP393

中国国家版本馆 CIP 数据核字第 2024PV1456 号

计算机人工智能与网络发展探索

JISUANJI RENGONG ZHINENG YU WANGLUO FAZHAN TANSUO

| 出 版 者：辽宁大学出版社有限责任公司
| （地址：沈阳市皇姑区崇山中路66号　邮政编码：110036）
| 印 刷 者：沈阳市第二市政建设工程公司印刷厂
| 发 行 者：辽宁大学出版社有限责任公司
| 幅面尺寸：170mm×240mm
| 印　　张：11.75
| 字　　数：224 千字
| 出版时间：2024 年 12 月第 1 版
| 印刷时间：2025 年 1 月第 1 次印刷
| 责任编辑：郭　玲
| 封面设计：韩　实
| 责任校对：冯　蕾

书　　号：ISBN 978-7-5698-1890-1
定　　价：88.00 元

联系电话：024-86864613
邮购热线：024-86830665
网　　址：http://press.lnu.edu.cn

前　言

在信息技术飞速发展的今天，计算机人工智能与网络已成为推动社会进步的关键力量。本书旨在深入探讨这一领域的基础理论、关键技术及其在现代社会中的广泛应用。本书不仅为读者提供了一个全面了解计算机人工智能与网络发展概貌的窗口，也为相关领域的研究者和从业者提供了宝贵的参考资源。

本书每一章都围绕一个核心主题，逐步展开深入讨论。在第一章"绪论"中，我们首先介绍了计算机网络技术的基础知识，为读者构建了坚实的理论基础；接着，探讨了人工智能的基本理论，为理解后续章节内容打下了基础；最后，对计算机网络安全进行了概述，强调了信息安全在当今网络社会中的重要性。第二章深入讨论了人工智能领域的几个关键技术，包括逻辑推理、智能搜索技术、自然语言处理和专家系统。这些技术不仅展现了人工智能的发展前沿，也是实现智能化应用的基石。在第三章中，我们聚焦于网络环境中的安全问题，详细讨论了网络操作系统、数据库和软件的安全防护措施。这些内容对于构建一个安全的网络环境至关重要。第四章进一步探讨了信息安全的具体技术，包括数字加密与认证、防火墙技术和计算机病毒防治技术。这些技术是维护网络信息安全不可或缺的工具。第五章展望了未来网络技术的发展趋势，特别是VR技术和计算机视觉技术，以及它们在网络安全领域的应用前景。在第六章中，我们展示了人工智能和网络安全技术在不同行业中的应用，以及它们在网络安全性方面的创新应用，突显了这些技术在现实世界中的巨大潜力。

  在本书的写作过程中，我们力求做到内容全面、观点前瞻、分析深入。然而，由于计算机人工智能与网络是一个极其庞大且快速发展的领域，加之作者学识有限，书中难免存在疏漏和不足之处。我们诚挚地希望广大读者和同行能够提出宝贵的意见和建议，以便我们不断改进和完善。

  本书的完成是团队协作和不懈努力的结果。在此，我要感谢所有参与本书写作的同仁，以及给予我们支持和帮助的每一个人。我们相信，通过不断地探索和学习，我们可以共同推动计算机人工智能与网络技术的健康发展，为建设更加安全、智能的未来社会贡献力量。

作　者

2024 年 10 月

目 录

第一章 绪论 ………………………………………………………………… 1

第一节 计算机网络技术基础 ………………………………………… 1
第二节 人工智能理论基础 …………………………………………… 6
第三节 计算机网络安全概述 ………………………………………… 10

第二章 计算机人工智能技术 …………………………………………… 17

第一节 逻辑推理 ……………………………………………………… 17
第二节 智能搜索技术 ………………………………………………… 27
第三节 自然语言处理 ………………………………………………… 35
第四节 专家系统 ……………………………………………………… 46

第三章 计算机网络安全 ………………………………………………… 60

第一节 网络操作系统安全 …………………………………………… 60
第二节 网络数据库安全 ……………………………………………… 65
第三节 网络软件安全 ………………………………………………… 78

第四章 计算机网络信息安全技术 ……………………………………… 87

第一节 计算机数字加密与认证 ……………………………………… 87
第二节 防火墙技术 …………………………………………………… 102

第三节　计算机病毒防治技术……………………………………… 114

第五章　计算机网络技术发展………………………………………… 126

第一节　VR 技术………………………………………………… 126
第二节　计算机视觉的基本技术………………………………… 131
第三节　计算机网络技术安全发展……………………………… 142

第六章　计算机人工智能与网络的应用……………………………… 156

第一节　人工智能在各行各业的应用…………………………… 156
第二节　计算机网络安全技术的创新应用……………………… 162
第三节　人工智能在网络安全方面的应用……………………… 173

参考文献………………………………………………………………… 180

第一章　绪　论

第一节　计算机网络技术基础

一、计算机网络的定义

计算机网络是当今人类最熟悉的事物之一，然而在不同的历史时期，人类对计算机网络有着不同的认识与定义。在当前的信息化时代，计算机网络的定义可以简单概括为：一些互相连接的、自治的计算机的集合。这里"互相连接"意味着互相连接的两台或两台以上的计算机能够互相交换信息，达到资源共享的目的。而所谓"自治"，具体指的是，任何一台计算机都可以独立地工作，都不受其他计算机的控制或干预，例如启动、停止等，任意两台计算机之间不需要主从关系。

通过上述定义我们容易发现，计算机网络主要涉及以下三个问题。

①两台或两台以上的计算机相互连接起来才能构成网络，达到资源共享的目标。

②两台或两台以上的计算机相互连接进行通信，就需要有一条通道，这条通道的连接是物理的、由硬件实现，这就是连接介质（有时称为信息传输介质）。它们可以是"有线"介质，也可以是"无线"介质。

③为了使得计算机之间能够很好地交换信息，即实现通信，就必须制订协议，这里的协议指的是一些确保计算机能够"理解"对方信息的约定或规则。

综上所述，我们可以给计算机网络一个更为精确的定义。所谓计算机网络，是指利用特定设计的通信设备或通信线路，将所处地理位置不同而且彼此独立工作的多台计算机及其外部设备连接起来，使之能够按照一定的约定或规则进行信息交换的一种现代化系统，在该系统之下，人们可以利用各类计算机软件实现信息交换和资源共享。

早期面向终端的网络由于网络中的终端没有自治能力，因此在今天就不能再算作是计算机网络,而只能称为联机系统,但在那个时代,联机系统就是计算机网络。在不同的历史时期,计算机网络的定义显然会有所不同。我们有理由相信,随着计算机技术的不断发展与变迁,计算机网络的定义还会发生变化,且其功能也会越来越强大。

二、技术发展模式的核心是技术建制

技术发展模式的核心是技术建制。技术建制是指一种有秩序、有物质内涵的社会结构,是大型组织和企业发展的基础。它包括物质内容和制度内容,物质内容由物化的技术和知识化的人力构成,制度内容由组织、行为规则、社会规范、习俗和传统构成。技术建制既不同于技术,也不同于制度,是技术和制度的有机组合。技术建制对于与之相关的社会活动和社会生产起着支配和基础性作用。从历史的角度看,所有生产性组织的制度安排都需要围绕技术和技术创新来进行,只有形成了完善的技术建制和不断地将技术创新成果建制化,才能形成有效率的社会组织,并支持经济和社会的发展。技术建制作为一种社会存在,是技术的制度安排和社会安排,所以我们可以从秩序和制度的建构方式来理解技术建制的内涵。

(一)秩序意义上的技术建制

技术本身就是一种建构秩序的活动或过程,技术是按人的需求意志对科学标示的物的属性进行新的秩序组合,实现对人更有利的物的属性建构的过程,它的秩序化是以科学认识的物的秩序性为基础的。例如,电子管技术的设计思路最早源于爱迪生,爱迪生在研制灯泡时,将一块金属板与灯丝密封在灯泡内,当灯泡中的灯丝受热后,给金属板加一个正电压,灯丝和金属板之间就会出现电流,如果加负电压就没有电流通过,这一效应被称为爱迪生效应。金属板、灯丝、电流三种物及属性按一定的顺序接列在灯泡中就出现一种检波功能,这种排列体现的就是秩序意义上的技术建制。再比如,分组交换技术是计算机网络技术发展史上最重要的技术发明之一,这一发明大大地推进了计算机网络技术的发展。实际上,分组交换技术的发明就是传统通信技术秩序范式和排队论秩序范式结合的产物,它的创新过程是一种典型的技术秩序建构过程。分组交换技术的设计思路最早源

(二)组织、制度意义上的计算机网络技术建制

技术的力量不是简单的发明就可以发挥出来的,技术的创新和发明是依靠一定的组织来实现的,它原创于技术已有的建制和结构,是技术制度化的结果,离开已制度化的技术,技术创新和发明都是不可能的。有了新的技术创新和技术发明,其作用也不可能直接发挥出来,它需要有相应的组织来规范技

术，这样，技术的作用才能发挥出来。

三、技术的建制化的决定性作用

新技术的不断诞生与发展推动着社会的前进，每一次社会的巨大变革都与当时新诞生的技术息息相关。现在，人类在计算机网络技术带领下，进入网络信息革命的全新时代，它改变了社会的结构、人类的思想，改变了世界的政治与经济制度，并且新一代的技术建制也在它的影响下即将孕育而出。计算机网络技术的诞生，是当前时代最具革命性的技术，但是在诞生之初它并没有立刻被社会所接受，而是在经历了各种艰难的发展与突破之后才得到社会的认可与接纳。因此，计算机网络技术在未来的发展中，必须以过去的组织为基础，不断地进行突破，以建立起适合下一代计算机网络技术发展与成长的建制，只有这样，其技术本身才会不断前进发展。从计算机网络技术的结构上看，是其原有技术的持续进步而产生了现有技术，但在实质上，现有技术的诞生是原有技术本身与当前制度一起适应与创新而达成的。计算机网络技术中的某项技术可能是具有革命性意义的，但它对整个计算机网络产业的发展并不立刻起决定性作用，真正起决定性作用的是该技术的建制化，计算机网络技术发展正是经由不断地技术建制化和技术制式化发展而来的。正如TCP/IP协议的产生到大规模应用经历了数十年的过程。计算机网络技术的始祖兰德公司在技术上是成功的，它为人类发明了影响整个未来的计算机网络技术，但因这一技术并没有建制化而最终破产。真正将这一技术建制化的是由美国国防部的大力推广，决定向全世界无条件地免费提供TCP/IP，即将解决电脑网络之间通信的核心技术告知于全世界。由于他们率先将计算机网络的技术建制推向世界，使得他们在占领世界计算机网络市场上占得先机，使得美国计算机网络技术成为世界计算机网络经济的支配力量。因此，计算机网络现在能够如此快速地发展，是因为建立起了能够适应于现阶段生产技术的组织制度结构，而不仅仅是依赖技术上的创新。进一步地，计算机网络技术的创新与建制的相互影响与作用，也对其技术发展起到了重要作用。计算机网络技术建制是其技术创新的基础，而技术创新只有在一定的技术建制中才能出现，它也是技术建制能够继续发展的动力和力量。技术创新的成果通过建制化所建立起的新建制有机地融合于旧建制，发挥其效用。

四、建立与之相适应的技术建制

计算机网络技术不可思议地发展速度，不是靠单纯的技术上的巨大创新，而是在现有的生产技术条件下，建立起一套与之相适应的组织制度结构。

计算机网络技术发展到今天，组织和技术的结合更为密切，组织的功能比过去变得更为重要，技术需要更为复杂和灵活的组织支持才能发挥作用。"复杂的技术当然要有复杂的组织来为之服务，这也是一般常识。"当社会进入信息技术时代后，我们必须要积极适应计算机网络技术发展的需要，对原有的技术建制进行重新的构建。计算机网络技术的发展要求"建立灵活而快速变化的组织"。日益成熟的计算机网络技术在不断改变着传统的产业模式，要求重新组织技术和产业，它以高速度和知识量增长的方式改变着现代经济的格局。高速度意味着快速变化，这就要求从大到小的经济组织必须是灵活的，特别要求大型的变化缓慢的经济组织也要增加灵活性，现代企业必须要有敏锐的洞察力，要有先人一步利用技术、组织技术的能力，要能够随时准备适应市场变化的方向。

计算机网络技术正在改变着传统的经济资源基础，知识信息已成为实实在在的第一资源。知识信息以文本信息的方式存在于各种数据库中，通过网络流向各种桌面管理系统。知识信息特别是某一组织的专门知识已成为组织成功的主要资本。知识资本在信息网络经济中比物质资本更重要，它是网络经济中市场价值的主要推动力量。对于各类组织来说，知识信息的价值是无法估量的，它可以是一种技术专利，可以是一种成功的产品，也可以是决策背后的智能。以知识信息为第一资源的信息网络经济要求现代企业具有更高的组织技术的能力，这样的企业才能有更高的效率。硅谷作为计算机网络技术发展的企业集群园区，其公司组织及文化正是顺应了计算机网络技术发展的组织要求。

五、构建计算机网络技术创新发展模型

技术建制是一种围绕生产而建立连接人和物的秩序化、组织化、制度化的系统结构，这种结构是通过物、人和知识三种要素来建构的。这三种要素连接为一种具有生产功能的空间存在结构，它是一种技术的制度化结构，这种制度化的结构是一种社会的技术习惯，是各种层次和规模的具有人的创造特征的结构的储存和集成。计算机网络技术创新是在一定的技术建制基础上发生的，这里的技术建制包括秩序意义上的技术建制和组织制度上的技术建制。计算机网络技术的创新成果需要不断地建制化为新的计算机网络技术建制与已有的技术建制有机融合在一起，为新的计算机网络技术创新打下基础。

从上方向下俯视这个圆锥，呈圆形，越接近圆锥下顶点的圆环，生命力和创新能力越弱，越远离圆锥顶点的环，生命力和创新能力会越强，最外沿即最前沿环开放性最好，但稳定程度较低。处在这种圆锥体结构中的横切面上每一个环以技术为主要元素，其意义是代表物、人、知识连接的方式，由圆心到最外环生命力依次升高，环与环之间的连接是通过计算机网络技术秩序和组织制度连接的。

从俯视角度看，在所有环中，最外实心环是现阶段最有活力的，是代表新计算机网络技术协议IPv6诞生的，以IPv4技术协议秩序下的技术建制。而现阶段的计算机网络技术建制正是在IPv4技术协议秩序下的技术建制。IPv4技术的最大问题是网络地址资源有限，如果说IPv4实现的只是人机对话，而IPv6则扩展到任意事物之间的对话，它不仅可以连通传统意义上的网络终端计算机，还将众多硬件设备，如家用电器、传感器、远程照相机、汽车等连接到一起，那时它将是无时不在、无处不在的深入社会每个角落，将世界彻底网络化。新一代IPv6为经济社会所带来的改变无疑是巨大的，无论是秩序建制还是组织制度建制都将发生改变，计算机、家用电器、传感器、照相机、汽车等的生产企业之中都将产生巨大的变革。企业中的技术建制无论从秩序上还是组织制度上都将为适应这个技术创新而发展。新网络技术协议IPv6的建制化将形成新的计算机网络技术建制，即外圈虚线，即新兴的最有活力的前沿环。这个虚线所表示的基于新兴IPv6技术协议建制化后的技术建制将成为下一轮的计算机网络技术创新的前提和基础。自下而上，自内而外的辐射指建制化运动的方向和方式，计算机网络技术建制的圆锥状结构还是一种空间结构，将时间作为一个维度来考虑这种结构，其具有辐射动态的特性，辐射主要指环的创新程度和环的变化方向，计算机网络技术创新发生在圆形环状结构的每个环中，越往外部的环创新能力越强，IPv6技术便是在外层实线环中发生的，以这个创新为起点形成一种包络线，包络线的扩大，会带动整个环的创新，即相关技术的发展，最后在所有包络线的外部形成一个新的环，技术建制的这种环状结构就在原来基础上出现扩大，扩大的过程也就是IPv6这个新技术建制化的过程，通过这一过程形成了新的技术建制。这也意味着失去创新力的计算机网络，旧的技术建制之环就要在圆心被沉淀吸收掉。创新力的不平衡分布，形成了两种反向的力，一种是带动计算机网络技术向外的发展力，另一种是向内的压缩力，这两种力造成环的向外扩大和向内压缩，向内压缩使环的结构萎缩，结构之间的比例都会明显变小，最终向圆心也就是圆锥的顶点塌陷从而被淘汰。从整个圆形环状结构来看它的动态过程，靠上的圆锥横切面的环即外环发生计算机网络技术创新的可能性最大，活力最强，与外界其他科学技术及社会的相互作用最频繁，其制度化结构较为松散，随着时间的推移，以IPv4技术乃至IPv6技术为起点的技术建制之环都将不断向中心移动，越向内移动创新能力变得越差，制度化结构越严密和越合理，但生命力也逐渐下降。它就像一个人的成长一样，技术，创新、制度也都遵循生命周期的规律，这样一来，任何计算机网络技术，任何计算机网络技术创新，任何与之相对的组织制度成果都会随时间的流逝而过时，由各种计算机网络技术所构建的生产性技术建制系统，也必然存在局部过时和整体过时的问题，即使在 IPv4 技术为起点的环在局部过时的情况下，其系统还在其生命周期中，只是随着时间慢慢被压缩向圆锥的下顶点移动，直到被彻底淘汰而消失在下顶点。正是有这个处理过时要素的机制，才保持计算机网络技术不断发展。这一模型分析了计算机网络技术的发展过程，计算机网络技术创新是技术建制化的内在动力及起点，这种力量迫使与旧的计算机网络技术相对应的组织制度向中心运动和沉淀。

第二节　人工智能理论基础

一、人工智能的概念

（一）智能

什么是智能？智能的本质是什么？这是古今中外许多哲学家、脑科学家一直在努力探索和研究的问题，但至今仍然没有完全解决，以致被列为自然界四大奥秘（物质的本质、宇宙的起源、生命的本质、智能的发生）之一。近些年来，随着脑科学、神经心理学等研究的进展，对人脑的结构和功能积累了一些初步认识，但对整个神经系统的内部结构和作用机制，特别是脑的功能原理还没有完全搞清楚，有待进一步地探索。在此情况下，要从本质上对智能给出一个精确的、可被公认的定义显然是不现实的。目前，人们大多是把对人脑的已有认识与智能的外在表现结合起来，从不同的角度、不同的侧面，用不同的方法来对智能进行研究，提出的观点亦不相同。其中，影响较大的主要有思维理论、知识阈值理论及进化理论等。

1. 具有感知能力

感知能力是指人们通过视觉、听觉、触觉、味觉、嗅觉等感觉器官感知外部世界的能力。感知是人类最基本的生理、心理现象，是获取外部信息的基本途径，人类的大部分知识都是通过感知获取有关信息，然后经过大脑加工获得的。可以说如果没有感知，人们就不可能获得知识，也不可能引发各种各样的智能活动。因此，感知是产生智能活动的前提与必要条件。

人类的各种感知方式所起的作用是不完全一样的。大约 80% 以上的外界信息是通过视觉得到的，有 10% 是通过听觉得到的，这表明视觉与听觉在人类感知中占有主导地位。这就提示我们，在人工智能的机器感知方面，主要应加强机器视觉及机器听觉的研究。

2. 具有记忆与思维的能力

记忆与思维是人脑最重要的功能，亦是人们之所以有智能的根本原因所在。记忆用于存储由感觉器官感知到的外部信息以及由思维所产生的知识；思维用于对记忆的信息进行处理，即利用已有的知识对信息进行分析、计算、比较、判断、推理、联想、决策等。思维是一个动态过程，是获取知识以及运用知识求解问题的根本途径。

思维可分为逻辑思维、形象思维以及在潜意识激发下获得灵感而"忽然开窍"的顿悟思维等。其中，逻辑思维与形象思维是两种基本的思维方式。

逻辑思维又称为抽象思维，它是一种根据逻辑规则对信息进行处理的理性思维方式，反映了人们以抽象的、间接的、概括的方式认识客观世界的过程。在此过程中，人们首先通过感觉器官获得对外部事物的感性认识，经过初步概括、知觉定势等形成关于相应事物的信息，存储于大脑中，供逻辑思维进行处理。然后，通过匹配选出相应的逻辑规则，并且作用于已经表示成一定形式的已知信息，进行相应的逻辑推理（演绎）。通常情况下，这种推理都比较复杂，不可能只用一条规则做一次推理就可解决问题，往往要对第一次推出的结果再运用新的规则进行新一轮的推理，等等。至于推理是否会获得成功，这取决于两个因素：一是用于推理的规则是否完备；另一是已知的信息是否完善、可靠。如果推理规则是完备的，由感性认识获得的初始信息是完善、可靠的，则由逻辑思维可以得到合理、可靠的结论。

形象思维又称为直感思维，它是一种以客观现象为思维对象、以感性形象认识为思维材料、以意象为主要思维工具、以指导创造物化形象的实践为主要目的的思维活动。在思维过程中，它有两次飞跃。首先是从感性形象认识到理性形象认识的飞跃，即把对事物的感觉组合起来，形成反映事物多方面属性的整体性认识（即知觉），再在知觉的基础上形成具有一定概括性的感觉反映形式（即表象），然后经形象分析、形象比较、形象概括及组合形成对事物的理性形象认识。思维过程的第二次飞跃是从理性形象认识到实践的飞跃，即对理性形象认识进行联想、想象等加工；在大脑中形成新意象，然后回到实践中，接受实践的检验。这个过程不断循环，就构成了形象思维从低级到高级的运动发展。

3. 具有学习能力及自适应能力

学习是人的本能，每个人都在随时随地学习，既可能是自觉的、有意识的，也可能是不自觉、无意识的；既可以是有教师指导的，也可以是通过自己的实践。总之，人人都在通过与环境的相互作用，不断地进行着学习，并通过学习积累知识、增长才干，适应环境的变化，充实、完善自己。只是由于各人所处的环境不同、条件不同，学习的效果亦不相同，体现出不同的智能差异。

4. 具有行为能力

人们通常用语言或者某个表情、眼神及形体动作来对外界的刺激做出反应，传达某个信息，这称为行为能力或表达能力。如果把人们的感知能力看作是用于信息的输入，则行为能力就是用作信息的输出，它们都受到神经系统的控制。

（二）人工智能

所谓人工智能就是用人工的方法在机器（计算机）上实现的智能；或者说是人类智能在机器上的模拟；或者说是人们使机器具有类似于人的智能。由于人工智能是在机器上实现的，因此又可称之为机器智能。又由于机器智能是模拟人类智能的，因此又可称它为模拟智能。

现在，"人工智能"这个术语已被用作"研究如何在机器上实现人类智能"这门学科的名称。从这个意义上说，可把它定义为：人工智能是一门研究如何构造智能机器（智能计算机）或智能系统，使它能模拟、延伸、扩展人类智能的学科。通俗地说，人工智能就是要研究如何使机器具有能听、会说、能看、会写、能思维、会学习、能适应环境变化、能解决各种面临的实际问题等功能的一门学科。总之，它是要使机器能做需要人类智能才能完成的工作，甚至比人更高明。

（三）人工智能的研究目标

研制像图灵所期望那样的智能机器，使它不仅能模拟而且可以延伸、扩展人的智能，是人工智能研究的根本目标。为实现这个目标，就必须彻底搞清楚使智能成为可能的原理，同时还需要相应硬件及软件的密切配合，这涉及脑科学、认知科学、计算机科学、系统科学、控制论、微电子学等多种学科，依赖于它们的协同发展。但是，这些学科的发展目前还没有达到所要求的水平。就以目前使用的计算机来说，其体系结构是集中式的，工作方式是串行的，基本元件是二态逻辑，而且刚性连接的硬件与软件是分离的，这就与人类智能中分布式的体系结构、串行与并行共存且以并行为主的工作方式、非确定性的多态逻辑等不相适应。正如图灵奖获得者威尔克斯（M. V. Wilkes）最近在评述人工智能研究的历史与展望时所说的那样：图灵意义下的智能行为超出了电子数字计算机所能处理的范围。由此不难看出，像图灵所期望那样的智能机器在目前还是难以实现的。因此，可把构造智能计算机作为人工智能研究的远期目标。

人工智能研究的近期目标是使现有的电子数字计算机更聪明、更有用，使它不仅能做一般的数值计算及非数值信息的数据处理,而且能运用知识处理问题,能模拟人类的部分智能行为。针对这一目标,人们就要根据现有计算机的特点研究实现智能的有关理论、技术和方法,建立相应的智能系统,例如目前研究开发的专家系统、机器翻译系统、模式识别系统、机器学习系统、机器人等。

人工智能研究的远期目标与近期目标是相辅相成的。远期目标为近期目标指明了方向,而近期目标的研究则为远期目标的最终实现奠定了基础,做好了理论及技术上的准备。另外,近期目标的研究成果不仅可以造福于当代社会,还可进一步增强人们对实现远期目标的信心,消除疑虑。

二、人工智能研究的基本内容

(一) 机器感知

所谓机器感知就是使机器(计算机)具有类似于人的感知能力,其中以机器视觉与机器听觉为主。机器视觉是让机器能够识别并理解文字、图像、物景等;机器听觉是让机器能识别并理解语言、声响等。

机器感知是机器获取外部信息的基本途径,是使机器具有智能不可缺少的组成部分,正如人的智能离不开感知一样,为了使机器具有感知能力,就需要为它配置上能"听"、会"看"的感觉器官,对此人工智能中已经形成了两个专门的研究领域,即模式识别与自然语言理解。

(二) 机器思维

所谓机器思维是指对通过感知得来的外部信息及机器内部的各种工作信息进行有目的的处理。正像人的智能是来自大脑的思维活动一样,机器智能也主要是通过机器思维实现的。因此,机器思维是人工智能研究中最重要、最关键的部分。为了使机器能模拟人类的思维活动,使它能像人那样既可以进行逻辑思维,又可以进行形象思维,需要开展以下几方面的研究工作:

一是知识的表示,特别是各种不精确、不完全知识的表示;

二是知识的组织、累积、管理技术;

三是知识的推理,特别是各种不精确推理、归纳推理、非单调推理、定性推理等;

四是各种启发式搜索及控制策略;

五是神经网络、人脑的结构及其工作原理。

(三) 机器学习

人类具有获取新知识、学习新技巧,并在实践中不断完善、改进的能力,机器学习就是要使计算机具有这种能力,使它能自动地获取知识,能直接向书本学习，能通过与人谈话学习，能通过对环境的观察学习，并在实践中实现自我完善，克服人们在学习中存在的局限性，例如容易忘记、效率低以及注意力分散等。

（四）机器行为

与人的行为能力相对应，机器行为主要是指计算机的表达能力，即"说""写""画"等。对于智能机器人，它还应具有人的四肢功能，即能走路、能取物、能操作等。

（五）智能系统及智能计算机的构造技术

为了实现人工智能的近期目标及远期目标，就要建立智能系统及智能机器，为此需要开展对模型、系统分析与构造技术、建造工具及语言等的研究。

第三节 计算机网络安全概述

一、计算机网络安全的定义

计算机网络通常是指能够实现信息传输及资源共享的一种计算机系统。计算机网络系统一般可分为网络硬件和网络软件。网络硬件由主体设备、连接设备和传输介质三部分组成。网络软件包括网络管理软件、网络操作系统及通信协议，基于这三者的管理和协作，才能实现资源和信息的传输与共享。在连接不同地域、不同数量的计算机时，只有将通信线路作为主要的辅助工具，才能将多台计算机实现外部连接，并且在连接之后体现出每一台计算机的独立功能。

本书从以下两个方面来阐述计算机网络安全的概念：一是计算机网络系统安全，二是计算机网络信息安全。计算机网络能够向计算机用户传输信息资源，并且为其提供服务。基于计算机网络这样的特性，我们可以从安全的角度定义计算机网络：所谓的计算机网络安全，指的是能够在网络体系中确保服务，在信息传输的基础上具有极高的可用性，以及在网络体系中资源信息能够保证高度的完整性。

可用性对计算机网络提出的要求是，基于用户在计算机网络中的需求，能够为其提供不受时间、空间限制的网络服务，满足用户随时随地对信息资源的使用所提出的要求。

完整性对计算机网络安全提出的要求是，在用户使用网络服务的过程中，能够确保这些信息资源的准确性及保密性。另外，要确保用户使用的这些信息是完整的,并且存在的信息是可用的。

二、计算机网络安全的特征

(一)计算机网络安全的特点

通俗地说,网络信息安全与保密主要是指保护网络信息系统,使其没有危险、不受威胁、不出事故。从技术角度来说,网络信息安全与保密的目标,主要表现在系统的保密性、完整性、可用性、可控性、可靠性、不可抵赖性等方面。

1. 保密性

保密性一般是指在计算机网络安全系统中的信息资源不被泄露给非授权的用户、实体或过程,或供其利用的特性。针对网络信息的保密性,常用的几种安全措施有:对网络信息进行物理安全管理;针对一些比较重要的信息资源进行加密处理;适当地进行监控防护和核辐射防护;等等。

2. 完整性

完整性指的是其信息资源未经授权不能被擅自篡改和更改的特性。也就是说,网络信息在传输和存储过程中保持不被伪造或者删除,也不会在使用的过程中出现重播、乱序及插入等的特性。影响网络信息完整性的主要因素有计算机硬件设备出现故障,软件环境中出现代码错误,计算机系统中出现病毒或者存在外界的人为攻击行为等。

3. 可用性

可用性指的是在信息资源使用的过程中,允许授权用户或实体正常访问的特性。也就是说,计算机网络信息系统中的资源,能够为被授权的用户提供正常的信息资源服务。网络信息系统最基本的功能是向用户提供服务,而用户的需求是随机的、多方面的,有时还有时间要求。已经被授权的用户,在访问网络信息资源时会进行身份识别和确认,这样才能够针对被授权的用户提供访问权限之内的信息资源服务。

4. 可控性

可控性是对网络信息的传播及内容具有控制能力的特性。即被授权的用户可以按照自己的需求随时随地地在计算机网络中使用自己所需要的信息资源。可控性要求计算机网络信息系统能够对被授权的用户提供即时性的信息资源的传输。

5. 可靠性

可靠性是系统安全中最基本要求之一,它是指在整个网络体系中,无论是原软件的运行还是硬件的运行,都需要保证其自身具有无故障的特性。可以从以下几个方面来提高计算机网络信息系统的可靠性：不断提升计算机网络信息系统硬件设备方面的质量；在配置方面做好备份工作；针对故障及时地进行纠正和自我修复；制定容错措施；从科学合理的角度去分配运行过程中的负荷问题；等等。

6. 不可抵赖性

计算机网络信息系统还具有不可抵赖性，我们也常常将其称作不可否认性，这一特性常出现在信息资源的互换过程中。基于这样的特性，能够使计算机网络信息资源在交换的过程中，双方的参与者都不能对操作进行否认和抵赖。简单来说，这种特性与签名、签收等形式有一定的相似性。

（二）物理安全

1. 防盗

和其他物品一样，计算机也是盗窃的目标。计算机的流失所造成的损失远远高于计算机硬件本身的价值，所以在日常工作过程中，针对计算机的防盗工作要做好合理的预防措施。

2. 防火

在物理防护方面还要注意防火。通常情况下，计算机机房出现火灾的原因有以下几个方面：电气方面出现了问题；人为的火灾事故；外部环境中的火灾蔓延到计算机机房，导致机房发生了火灾。

（1）电气方面，可能会出现的问题是：设备和线路出现接触不良或者短路；静电及绝缘层遭到破坏；信息量负荷过大；等等。

（2）人为事故方面，多数是机房工作人员操作不当引起火灾，如在易燃物较多的地方吸烟或者乱扔烟头等，也不排除会有人为纵火的情况。

（3）外部环境中的火灾蔓延，通常是指计算机机房以外的空间结构中出现了建筑物方面的火灾，火势扩大蔓延到计算机机房，从而引起连续性的火灾。

3. 防静电

静电在我们日常生活中很常见，是两个物体之间摩擦或者二者相接触引起的一种现象。在机房，计算机的显示器会产生非常强的静电，如果没有释放出去，那么这种静电就会在设备或者物体中停留，其自身的势能是非常大的。由于放电会产生火花，这些火花很有可能引起火灾，一旦发生火灾，就会对机房内的大部分集成电路造成不可逆的损坏。

4. 防雷击

随着科学技术的发展和电子信息设备的广泛应用，对现代防雷技术提出了更高、更新的要求。采用传统的避雷针，不仅不能满足微电子设备的安全需求，还会带来很多弊端，如增加了被雷击的概率、产生感应雷击等。而感应雷击是损坏电子信息设备的主要杀手,也是易燃易爆产品着火的主要原因。

5. 防电磁泄漏

有一些电子设备会在工作的过程中出现一种电磁辐射的情况,比如计算机在工作过程中就会产生电磁辐射。计算机的电磁辐射可以从两方面来概括:其一是辐射发射,其二是传导发射。在计算机工作的过程中,无论是哪一种形式的发射,都会被灵敏度较高的接收机所接收,进而对其进行有效的恢复和分析,这一过程中会出现电磁泄漏的情况。

(三)逻辑安全

一般情况下,计算机逻辑安全的实现方法有以下三个方面:一是密码权限;二是文件权限;三是审计工作。如果想要在计算机正常运行的过程中有效防止黑客的一些恶意行为,那么就需要做好逻辑安全方面的防护工作。

用户可以通过限制登录次数或者限制操作时间来确保逻辑安全。储存于计算机档案内的资料可由软件加以保护,该软件限制存取他人拥有的档案,直到该档案的拥有者明确准许他人存取该档案为止。另一种限制访问的方式是通过密码,计算机在接收到访问请求后要求检查密码,然后在访问目录中匹配用户账号和密码。此外,还有一些安全包可以跟踪可疑的、未经授权的访问尝试,比如多次登录或对他人文件的请求。

(四)操作系统安全

在计算机网络信息系统中,最基本也是最重要的一个组成结构就是操作系统。一般情况下,同一个计算机系统能够供给多个工作人员或者用户同时使用,为了保证计算机操作系统本身的安全,要在构建系统的同时考虑到用户的需求。只有做好系统分区,才能够确保用户在正常访问网络系统的时候,只在自己的访问区域操作,而不会涉及或干扰到其他的用户。例如,大多数用户操作系统不允许一个用户删除属于另一个用户的文件,除非另一个用户明确地给予许可。

不同的操作系统,在功能和安全性上也有很大的差别。通常情况下,功能比较强大、安全级别更高的操作系统能够为系统中每一个用户设置个人账号。一般情况下,每一个用户只能操作属于自己的账号信息,操作系统本身是不允许已经注册的账号去恶意修改另外一个用户的账号信息的,也就是说除了自己本身的信息数据之外,他人的信息数据是不可以被更改的。

(五)联网安全

计算机网络系统在联网的过程中需要保持高度的安全性。安全性之所以能够得到保障,是通过安全服务来实现的。具体的安全服务分为以下两种:

第一,访问控制方面的服务,其目的是使计算机联网之后的信息资源得到正常授权才能被使用，即确保信息资源不会出现被非授权用户使用的情况。

第二，通信安全方面的服务，其目的是使联网之后的数据信息，自身的完整性和保密性得到进一步的确认，以确保通信过程中所有的信息资源具有可靠性。

三、计算机网络安全层次结构

开放式系统互联（open system interconnect，简称 OSI），一般称作 OSI 参考模型，是由国际标准化组织（international organization for standardization，简称 ISO）颁布的，提出这一模型的目的是使设备在网络互联的过程中有一个标准的参考框架。TCP/IP 参考模型在开放式系统互联参考模型的基础上，分成四个不同的层次：网络接口层，这一层所对应的是 OSI 参考模型中的物理层和数据链路层；网际互联层，这一层所要面对的是通信方面的问题，也就是需要解决连接的主机之间通信方面出现的一些问题，与之对应的是 OSI 参考模型中的网络层；传输层，对应的是 OSI 参考模型中的传输层，这一层的具体功能是将端到端的通信功能落实在具体的通信工作中；应用层，与之对应的是 OSI 参考模型中的高层，这一层的主要工作任务就是以客户的需求为主，为其提供多元化的应用服务。

从网络安全的角度来看，参考模型的每一层都可以采取一定的安全手段和措施，提供不同的安全服务。但是，单个层次不能提供所有的网络安全特性，每个层次必须提供自己的安全服务，共同维护网络系统中的信息安全。

在物理层，可以在通信线路上采用电磁屏蔽、电磁干扰等技术，防止通信系统以电磁的形式（电磁辐射、电磁泄漏）向外界泄露信息。

从数据链路层来看，加密工作是针对数据链路通道，在电路上通过加密机制进行通信加密。在信息离开某一台计算机之前就可以对其进行电路上点对点的信息加密，也可以在信息进入另一台机器的时候，对其进行链路上的点对点加密。这一加密过程中涉及的细节，都是建立在计算机硬件底层的基础上，通常情况下在上层结构中是不能实现的。

从网络层来看，针对处于网络边界的一些信息资源，其安全工作需要通过防火墙技术来处理，这样就需要确定信息是来自哪一个源地址，之后要确定的是这一信息对主机有没有访问的权限，这样就能够确保在信息网络体系内，主机不会被非法用户进行恶意访问。

从传输层来看，信息流的安全工作，可以用端对端加密的形式来实现，也被称为进程到进程的加密。

从应用层来看，安全工作主要针对的对象是用户身份上的甄别，需要进一步认证和确认访问者的身份,才能够提供安全性较高的通信渠道。

四、计算机网络安全的责任与目标

(一)计算机网络安全的责任

从高级管理者到日常用户,很多人员都能在计算机网络的安全建设中发挥作用。高级管理者负责推行安全策略,其准则是"依其言而行事,勿观其行而仿之",但是源自高级管理者的策略和规则往往会被忽视。用户不仅要意识到网络安全的重要性,还要意识到不遵守规则可能会带来的后果。一个很好的方法是提供短期的安全培训课程,让人们可以提出问题和讨论问题;另一个比较好的做法是在经常出入的公共场所和使用场所张贴安全警告(如网吧、机房等)。

(二)计算机网络安全的目标

计算机网络安全的最终目标是利用各种技术手段或者工作管理手段,确保网络信息系统在运行过程中能够具有保密性、完整性、有效性等。

1. 保密性

网络信息系统具有保密性,意味着信息系统结构中的信息资源在运行的过程中不存在非法泄露(或者能够具备有效防止自身信息泄露这一特性)。通常情况下,信息系统中的资源、访问的权限仅提供给已被授权的用户。

信息资源的保密性是通过多种技术手段实现的,其中包括对信息资源的加密、对访问者身份的验证、对访问时间及访问次数的控制以及网络安全信息通信协议等。

在信息资源防泄露的实现手段中,信息加密是非常基础的一项技术。在大多数情况下,计算机网络信息安全防护系统的主要防护结构都是由密码技术来实现的。也就是说,如果密码技术一旦泄露或者密码泄露,就会出现安全系统崩溃的情况。机密文件和重要电子邮件在internet上传输也需要加密,加密后的文件和邮件如果被劫持,由于没有正确密钥进行解密,劫持的密文仍然是不可读的。此外,机密文件即使不在internet上传输,也应该进行加密,否则窃取密码后就可以获得机密文件,对机密文件加密可以提供双重保护。

2. 完整性

信息完整性是指信息的可靠性、正确性、一致性,只有完整的信息才是值得信赖的信息。完整性与保密性不同,保密性强调信息不能被非法泄露,而完整性强调信息在存储和传输过程中不能被意外或故意修改、删除、伪造、添加、破坏,并且在存储和传输过程中必须保持不变。影响信息完整性的因素主要有硬件故障、软件故障、网络故障、灾难事件、入侵攻击和计算机病毒。确保信息完整性的技术包括安全通信协议，一旦信息遭到恶意破坏或者出现缺失，那么最有效的恢复方式就是数据备份。

3. 有效性

根据用户的不同需求，为用户提供数据信息访问服务，这一过程中展示出的特性就是信息资源的有效性，这种特性对于用户来说是计算机网络信息系统所能体现的安全特性。一般来说，若网络信息系统能够满足保密性、完整性和有效性这三个安全目标，则可以认为信息系统在一般意义上是安全的。

第二章 计算机人工智能技术

第一节 逻辑推理

一、经典逻辑推理

（一）推理概述

1. 推理的概念

人们在对各种事物进行分析、综合并最后做出决策时，通常是从已知的事实出发，通过运用已掌握的知识，找出其中蕴含的事实，或归纳出新的事实，这一过程通常称为推理，即从初始证据出发，按某种策略不断运用知识库中的已知知识，逐步推出结论的过程称为推理。

在人工智能系统中，推理是由程序实现的，称为推理机。已知事实和知识是构成推理的两个基本要素。已知事实又称为证据，用以指出推理的出发点及推理时应该使用的知识；而知识是使推理得以向前推进，并逐步达到最终目标的依据。

2. 经典逻辑推理的概念

经典逻辑推理是根据经典逻辑（命题逻辑及一阶谓词逻辑）的逻辑规则进行的一种推理，主要推理方法有自然演绎推理、归结演绎推理及与/或形演绎推理等。由于这种推理是基于经典逻辑的，其真值只有"真"和"假"两种，因此，它是一种精确推理，或称为确定性推理。

（二）自然演绎推理

自然演绎推理是从一组已知为真的事实出发，直接运用经典逻辑的推理规则，推出结论的过程。其中，基本的推理规则有 P 规则、T 规则、假言推理、拒取式推理等。②

1. P 规则与 T 规则

P 规则是指在推理的任何步骤上都可以引入前提，继续进行推理。

T规则是指在推理时，如果前面步骤中有一个或多个公式永真蕴涵S，则可以把S引入到推理过程中。

2. 假言推理

假言推理的一般形式是：

P, P→Q ⇒ Q

它表示：由P→Q及Q为真，可推出Q为真。例如，由"如果x是水果，则x能吃"及"苹果是水果"可推出"苹果能吃"的结论。

3. 拒取式推理

拒取式推理的一般形式是：P→Q, −P ⇒ −Q

它表示：由P→Q为真及Q为假，可推出P为假。例如，由"如果下雨，则地上湿"及"地上不湿"可推出"没有下雨"的结论。

这里，应注意避免如下两类错误：一是肯定后件（Q）的错误；另一个是否定前件（P）的错误。所谓肯定后件是指，当P→Q为真时，希望通过肯定后件Q为真来推出前件P为真，这是不允许的。例如伽利略在论证哥白尼的日新说时，曾使用了如下推理：

（1）如果行星系统是以太阳为中心的，则金星会显示出位相变化；

（2）金星显示出位相变化；

（3）所以，行星系统是以太阳为中心的。

这就是使用了肯定后件的推理，违反了经典逻辑的逻辑规则，他为此曾遭到非难。所谓否定前件是指，当P→Q为真时，希望通过否定前件P来推出后件Q为假，这也是不允许的。例如下面的推理就是使用了否定前件的推理，违反了逻辑规则：

①如果上网，则能知道新闻；

②没有上网；

③所以，不知道新闻。

这显然是不正确的，因为通过收听广播，也会知道新闻。事实上，只要仔细分析关于P→Q的定义，就会发现当P→Q为真时，肯定后件或否定前件所得的结论既可能为真，也可能为假，不能确定。

一般来说，由已知事实推出的结论可能有多个，只要其中包含了待证明的结论，就认为问题得到了解决。自然演绎推理的优点是定理证明过程自然，容易理解；它拥有丰富的推理规则，推理过程灵活，便于在它的推理规则中嵌入领域启发式知识。其缺点是容易产生组合爆炸，推理过程中得到的中间结论一般呈指数形式递增，这对于一个大的推理问题来说是十分困难的，甚至是不可能实现的。

（三）归结演绎推理

归结演绎推理是一种基于鲁滨逊归结原理的机器推理技术。

1. 子句集及其化简

采用归结演绎推理方法，其问题是用谓词公式表示的，其推理则是在子句集的基础上进行的，因此在讨论该方法之前，需要先介绍子句集的有关概念及化简方法。

（1）子句和子句集

定义2-1：原子谓词公式及其否定统称为文字。

例如，P（x），Q（x），¬P（x），¬Q（x）等都是文字。

定义2-2：任何文字的析取式称为子句。

例如，P（x）∨Q（x），P（x, f（x））∨Q（x, g（x））都是子句。

定义2-3：不包含任何文字的子句称为空子句。

由于空子句不含有任何文字，也就不能被任何解释所满足，因此空子句是永假的，不可满足的。空子句一般被记为□或NIL。

定义2-4：由子句或空子句所构成的集合称为子句集。

（2）子句集的化简

在谓词逻辑中，任何一个谓词公式都可以通过应用等价关系及推理规则将其转化成相应的子句集。其化简步骤如下：

①消去连接词"→"和"↔"

反复使用如下等价公式

P→Q⇔¬P∨Q

P→Q⇔（P∧Q）∨（¬P∧¬Q）

即可消去谓词公式中的连接词"→"和"↔"。

②减少否定符号的辖域

反复使用双重否定律

¬（¬P）⇔P

摩根定律

¬（P∧Q）⇔¬P∨¬Q

¬（P∨Q）⇔¬P∧¬Q

量词转换律

¬（∀x）P（x）⇔（∃x）¬P（x）

¬（∃x）P（x）⇔（∀x）¬P（x）

将每个否定符号"¬"移到紧靠谓词的位置，使得每个否定符号最多只作用于一个谓词上。

③对变元标准化

在一个量词的辖域内,把谓词公式中受该量词约束的变元全部用另一个没有出现过的任意变元代替,使不同量词约束的变元有不同的名字。

例如,上步所得公式经本步变换后为

(∀x)((∃y)¬P(x,y)∨(∃z)(Q(x,z)∨¬R(x,z))

④化为前束范式

化为前束范式的方法是把所有量词都移到公式的左边,并且在移动时不能改变其相对顺序。每个量词都有自己的变元,这就消除了任何由变元引起冲突的可能,因此这种移动是可行的。

例如,上步所得公式化为前束范式后为

(∀x)(3y)(3z)(¬P(x,y)∨(Q(x,z)∧¬R(x,z))

⑤消去存在量词

消去存在量词时,需要区分以下两种情况。

若存在量词不出现在全称量词的辖域内(即它的左边没有全称量词),只要用一个新的个体常量替换受该存在量词约束的变元,就可消去该存在量词。

⑥消去全称量词

由于母式中的全部变元均受全称量词的约束,并且全称量词的次序已无关紧要,因此可以省掉全称量词。但剩下的母式仍假设其变元是被全称量词量化的。

⑦消去合取词

在母式中消去所有合取词,把母式用子句集的形式表示出来。其中,子句集中的每个元素都是一个子句。

⑧更换变元名称

对子句集中的某些变元重新命名,使任意两个子句中不出现相同的变元名。由于每一个子句都对应着母式中的一个合取元,并且所有变元都是由全称量词量化的,因此任意两个不同子句的变元之间实际上不存在任何关系。这样,更换变元名是不会影响公式的真值的。

2. 鲁滨逊归结原理

鲁滨逊归结原理也称为消解原理,是鲁滨逊(Robinson)在海伯伦(Herbrand)理论的基础上提出的一种基于逻辑"反证法"的机械化定理证明方法。其基本思想是把永真性的证明转化为不可满足性的证明,即要证明P→Q永真,只要能够证明P∧−Q为不可满足即可。

鲁宾逊归结原理可分为命题逻辑归结原理和谓词逻辑归结原理。

3. 归结演绎推理的方法
(1) 命题逻辑的归结演绎推理
应用归结原理证明定理的过程称为归结反演。在命题逻辑中，已知 F，证明 G 为真的归结反演过程如下：

①否定目标公式 G，得¬G。
②把¬G 并入到公式集 F 中，得到 {F，¬G}。
③把 {F，¬G} 化为子句集 S。
④应用归结原理对子句集 S 中的子句进行归结，并把每次得到的归结式并入 S 中。如此反复，若出现空子句，则停止归结，此时就证明了 G 为真。

(2) 谓词逻辑的归结演绎推理
谓词逻辑的归结反演过程与命题逻辑的归结反演过程相比，其步骤基本相同，但每步的处理对象不同。

(四) 与/或形演绎推理
与/或形演绎推理又称基于规则的演绎推理。与前面讨论的归结演绎推理不同的是：不必再把有关知识转化为子句集，只需要把已知事实分别用蕴涵式及与/或形公式表示出来，再通过运用蕴涵式特性进行演绎推理以求证目标公式。按照其控制方向，基于规则的演绎推理又可分为正向、逆向和双向三种演绎形式。

1. 基于规则的正向演绎推理
(1) 与/或形变换及树形图表示
为了便于完成基于规则的正向演绎推理，首先将事实表示为谓词公式，并且设法通过与/或形变换，消去蕴涵符号，只在公式中保留否定、合取、析取符号，使该谓词表达式变换为标准的与/或形式公式。例如，蕴涵连接词用等值变换消去，使否定符号只作用到单个谓词，消去存在量词和全称量词等。

(2) 正向演绎推理的 F 规则及其标准化处理所谓 F 规则，即正向演绎推理规则，表示为

F：L→W

式中，L 为规则的前件，必须为单；W 为规则的后件，可以是任意的与/或形公式。将任意公式变换为符合 F 规则定义的标准的蕴涵形式，称 F 规则标准化。其目的就是为了便于实施正向演绎推理。要对公式实施 F 规则标准，其一般步骤如下。

①暂时取消蕴涵符号。
②缩小否定符号辖域，把否定符"¬"运算直接移到具体文字前。

③可通过引入 Skolem 函数使变量标准化。
④化为前束式，并隐去全称量词。
⑤变换为标准 F 规则。

（3）规则正向演绎推理过程

基于 F 规则的正向演绎推理过程为：

①必须把待证明的目标公式写成或转化为只有析取连接的公式；将事实公式变换为标准与/或形公式，画出事实与/或图；

②将所有正向推理规则变换为标准 F 规则；

③对与/或图的叶节点，搜索匹配的 F 规则，并把已经匹配的规则的后件添加到与/或图中；

④检查目标公式的所有文字是否全部出现在与/或图上，如果全部出现，则原命题（目标公式）得证。

注意按照 F 规则进行事实匹配方法是：如果在系统规则库中找到某 F 规则 L→W，并且其前件文字 L 恰好同与/或图中的某个叶节点的文字相同，则确定这条规则与该叶节点匹配。可把这条规则的前件加入事实与/或图，并在与其匹配的叶节点之间画双箭头作为匹配标记。同理，分解 F 规则的后件 W，直到单个文字；将已经匹配的 F 规则的后件 W，加入到与/或图中。

2. 基于规则的逆向演绎推理

所谓基于规则的逆向演绎推理，是从目标公式出发，逆向使用推理标准 B 规则的匹配，直到找出目标公式成立的已知事实依据条件时为止。

因此，首先要将目标公式转换为标准与/或形公式，方法与规则正向演绎推理的事实表达式化为与/或形相同。

类似规则正向演绎推理中事实表达式的树形与/或图表示，这里也用树形与/或图来表示标准与/或形目标公式。与事实与/或图不同的是，这里规定用连接弧线标记目标公式与/或图中合取节点关系。

规则逆向演绎推理基本过程为：

（1）将目标公式化为标准与/或形式，画出相应的目标与/或图；

（2）将所有逆向推理规则变换为标准的 B 规则；

（3）按先事实、再规则的顺序，对于目标与/或图，若找到了事实匹配，做相应标记；若找到 B 规则匹配，则把此 B 规则添加到目标与/或图中，做相应的匹配标记；

（4）检查目标与/或图，如果所有叶节点都匹配到事实文字，则目标公式得到证明。至此，规则逆向演绎推理证明过程结束。

3. 规则双向演绎推理

如果一个系统给出了事实表达式，同时所给出的规则既有 F 规则，又有 B 规则，并给出了系统要证明的目标公式，这时仅仅单纯使用 F 规则的正向演绎推理，或仅使用 B 规则的逆向演绎推理，都将在证明中遇到难以克服的困难，因此该系统应该采用基于规则的双向演绎推理来解决。

所谓双向演绎推理，即在从基于事实的 F 规则正向推理出发的同时，从基于目标的 B 规则逆向推理出发，同时进行双向演绎推理。

双向演绎推理终止的条件：必须使得正向推理和逆向推理互相完全匹配。即所有得到的正向推理与/或图的叶节点，正好与逆向推理得到的与/或图的叶节点一一对应匹配。

二、不确定与非单调推理

（一）不确定与非单调推理的概念

1. 不确定推理的概念

不确定性推理是指推理时所用的知识不都是精确的，推出的结论也不完全是肯定的，其真值位于真与假之间。

现实世界中的事物和现象大都是不严格、不精确的，许多概念是模糊的，没有明确的类属界限。在此情况下，若仍用经典逻辑做精确处理，势必要人为地在本来没有明确界限的事物间划定界限，从而舍弃了事物固有的模糊性，失去了真实性。这就是为什么近年来各种非经典逻辑迅速崛起，人工智能亦把不精确知识的表示与处理作为重要研究课题的原因。

2. 非单调推理的概念

非单调推理是指在推理过程中由于新知识的加入，不仅没有加强已推出的结论，反而要否定它，使得推理退回到前面的某一步，重新开始。

非单调推理多是在知识不完全的情况下发生的。由于知识不完全，为使推理进行下去，就要先做某些假设，并在此假设的基础上进行推理，当以后由于新知识的加入发现原先的假设不正确时，就需要推翻该假设以及以此假设为基础推出的一切结论，再用新知识重新进行推理。

（二）模糊推理

1. 模糊推理的概念

传统的逻辑推理是基于二值逻辑的，它所处理的信息和推理的规则是精确和完备的。与此对应，还有一种不精确推理，也称为不确定性推理或近似推理，它利用不精确、不完备的知识处理不精确、不确定、不完备信息。

模糊逻辑推理是建立在模糊逻辑基础上的，它是在二值逻辑三段论基础上发展起来的一种不确定性推理方法，可简称为模糊推理。这种推理方法以模糊判断为前提，运用模糊语言规则，推导出一个近似的模糊判断结论的方法。

2. 模糊集合及其表示

在德国数学家康托（G. Contor）创立的经典集合论中，一个事物要么属于某集合，要么不属于某集合，二者必居其一，没有模棱两可的情况。经典集合所表达概念的内涵和外延都必须是明确的。

概念的内涵是指一个概念所包含的那些区别于其他概念的全体本质属性。概念的外延是符合某概念的对象的全体。表达一个概念通常有两种方法，一是指出概念的内涵即内涵法，另一种是指出概念的外延即外延法。实际上概念的形成总是要联系到集合论，从集合论的角度看，内涵就是集合的定义，外延则是组成该集合的所有元素。由此不难看出，内涵和外延是描述概念的两个方面。

在实际生活中，有许多没有明确外延的概念，称之为模糊概念。表现在语言上有许多模糊概念的词，如以人的年龄为论域，那么"年轻""中年""老年"都没有明确的外延，以人的身高为论域，"高个""矮个"也没有明确的外延。这些概念都是模糊概念。

模糊概念不能用经典集合描述，因为不能绝对地区别"属于"或"不属于"，就是说论域上的元素符合概念的程度不是绝对的 1 或 0，而是介于 1 和 0 之间的一个实数。模糊概念需要用模糊集合描述，扎德在 1965 年给出了模糊集合的定义。

3. 模糊推理的基本模式

与自然演绎推理相对应，模糊推理也有相应的三种基本模式，即模糊假言推理、模糊拒取式推理及模糊假言三段论推理。

（1）模糊假言推理

设 F 和 G 分别是 U 和 V 上的两个模糊集，且有知识

$$IF \quad x \text{ is } F \quad THEN \quad y \text{ is } G$$

若有 U 上的一个模糊集 F′，且 F 可以和 F′ 匹配，则可以推出"yisG′"，且 G′ 是 V 上的一个模糊集。这种推理模式称为模糊假言推理，其表示形式为

知识：IF x is F　　　y is G

证据：x is F′

结论：y is G′

在这种推理模式下，模糊知识

$$IF \quad x \text{ is } F \quad THEN \quad y \text{ is } G$$

表示在 F 与 G 之间存在着确定的模糊关系，设此模糊关系为 F′。那么，

当已知的模糊事实 F′可以与 F 匹配时，则可通过 F′与 F 的合成得到 G′，即
$$G' = F'°R$$

（2）模糊拒取式推理

设 F 和 G 分别是 U 和 V 上的两个模糊集，且有知识

$$IF \quad x\ is\ F \quad THEN \quad y\ is\ G$$

若有 V 上的一个模糊集 G′，且 G′可以与 G 的补集¬G 匹配，则可以推出"xisF′"，且 F′是 U 上的一个模糊集。这种推理模式称为模糊拒取式推理，可表示为

知识：IF x is F　　y is G

证据：y is G′

结论：x is F′

在这种推理模式下，模糊知识

$$IF \quad x\ is\ F \quad THEN \quad y\ is\ G$$

也表示在 F 与 G 之间存在着确定的模糊关系，设此模糊关系为 R。那么，当已知的模糊事实 G′可以与¬G 匹配时，则可通过 R 与 G′的合成得到 F，即

$$F' = RG'$$

（3）模糊假言三段论推理

设 F、G、H 分别是 U、V、W 上的三个模糊集，且由知识

$$IF \quad x\ is\ F \quad THEN \quad y\ is\ G$$
$$IF \quad y\ is\ G \quad THEN \quad z\ is\ H$$

则可推出

$$IF \quad x\ is\ F \quad THEN \quad z\ is\ H$$

（三）非单调推理

人类的思维过程和推理活动在本质上是非单调的。人们对客观事物的认识和信念总是不断调整和深化的，于是出现了上述认识上的非单调性。在这种情况下，推导出的结论不随条件的增加而增多。这种推理过程就是非单调推理。

非单调推理的概念是明斯基（Minsky）于 1975 年提出来的，并以"鸟会飞"为例加以说明。人们常识上认为大多数鸟会飞。当知道 X 是鸟类中的一只鸟时，一般认为 X 会飞；但进一步知道 X 是鸟类中的一只企鹅时，因为企鹅不会飞，所以需要对"鸟会飞"的结论加以修正。

非单调推理具有下列特性：推理系统的定理集合不随推理过程的进行而单调增大，新推理出的定理很可能会修正以至否定原有的一些定理，使得原来能够解释的一些现象变得不能解释了。

1. 缺省推理

很少有这样完美的信息系统——其在处理过程中拥有所需的一切信息。在缺乏信息时,一个有效的做法就是根据已有信息和经验做有益的猜测,只要不发现反面的证据。构造这些猜测的过程称为缺省推理。

一个既精确又可算的缺省推理的描述,必涉及结论 Y 且缺少某一信息 X。所以缺省推理的一个定义为:

定义 2-5:如果 X 不知道,那么得结论 Y。

但在所有的系统中,除最简单的系统以外,只有存储在数据库中的事件的极小部分可看成是已知的。不过,通过各种努力,事件的其余部分可从已知部分推导出来。所以缺省推理的另一定义更像是:

定义 2-6:如果 X 不能被证明,那么得结论 Y。

但是,如果仍然以谓词逻辑工作,那怎么能知道 X 不能被证明—由于这一系统是不可判定的,所以对任一 X 来说,仍不能担保它能否被证明。于是不得不重新考虑下述定义:

定义 2-7:如果 X 不能在某个给定的时间内被证明,那么得结论 Y。

值得注意的是,定义推出结论 Y 的推理过程依赖于逻辑领域以外的某些事件,在规定时间内可做多少计算,以及在寻找待求的证明中计算是否有效。因此做出关于系统行为的形式说明就显得特别重要。

2. 真值维护系统

维持推理的一致性是实现非单调推理系统的核心技术之一。可以把一个非单调推理系统的信念集(常识集)分为两个部分,即 $S=\triangle \cup A$。其中,$\triangle$ 为基本信念集;A 为假设集,可视为对 $\triangle$ 的尝试性扩充。鉴于推理系统视 $\triangle$ 为永真,因而推理中产生的不一致仅由引入不适当的假设引起。尽管已对确保 A 与 $\triangle$ 的一致性做了许多探索,但大多数非单调推理方法仅适用于特别的应用场合,尚不存在适用于一般应用域的简便方法。现有的实用化非单调推理系统,主要依赖于应用的特点和有关知识,提出不保证与 $\triangle$ 一致的试探性假设(实际上 $\triangle$ 往往也是问题求解过程中逐步积累起来的,即使用形式化方法也不可能确保提出的假设不与以后加入 $\triangle$ 的信念冲突)。真值维持系统(truth maintenance system,TMS)正是服务于维持推理一致性的有效技术。

TMS 的作用在于协助问题求解系统维持推理过程的正确性,而不是自身产生新的推理。一个非单调推理系统应由两个部分组成:问题求解器和 TMS。前者基于应用领域的知识进行推理和计算,后者则通过真值维持确保推理上下文的一致性。实际上,可视 TMS 为从属于问题求解器的子系统,它执行两个主要功能:检查推理上下文的一致性;消除发现的不一致性。

真值维持系统运用非单调推理的思想和技术来维护知识库。在 TMS 中，每个知识单元都是一个信念，每个信念都有其正面或反面的论据。在推理过程中论据发生了变化，信念也随之发生变化。

TMS 是一个已经实现了的非单调推理系统，用以协助其他推理程序维持系统的正确性。它的作用不是生成新的推理，而是在其他程序所产生的命题之间保持相容性。一旦发现某个命题不相容，它就调出自己的推理机制，面向从属关系的回溯，并通过修改最小的信念集来消除不相容。

在 TMS 中，每一命题或规则均称为节点，且对任一节点，以下两种状态必居其一：

IN　　相信为真

OUT　　不相信为真，或无理由相信为真，或当前没有可相信的理由

每个节点附有一证实表，表中每一项表示一种确定节点有效性的方法。IN 节点是指那些至少有一个在当前说来是有效证实的节点。OUT 节点则指那些当前无任何有效证实的节点。也许有人想知道为什么要不厌其烦地保留 OUT 节点。当然，花许多功夫去产生一些表示不正确命题的节点是没有意义的。但必须记住，在非单调推理系统中，产生一节点是以表示一个假定为真的命题，例如，使用缺省推理的结果。这时其余节点则在假设原始节点为 IN 的基础上产生。但新信息的出现可能引起原始节点变成 OUT（缺少信息时用缺省推理），那时，一切基于它的节点都相应要变为 OUT。不过，保留这些节点和它们的相互依赖性仍有用处。因为一旦有效信息发生了变化，而且引起原始节点再变为 IN 时，那些在其基础上用来产生其他节点的推理就不必重做了。于是，当原始节点再变为 IN 时，其他各个节点的某个基于原始节点的证实将随之变为有效，这些节点也就变为 IN 了。

在系统中，有两种方式可用来证实一个节点的有效性可依赖于其他节点的有效性：

① 支持表　　（SL（IN－节点）（OUT－节点））

② 条件证明　　（CP（结论）（IN－假设）（OUT－假设））

第二节　智能搜索技术

一、搜索概述

人工智能所要解决的问题大部分是结构不良或非结构化的问题，对这样的

问题一般不存在成熟的求解算法可以使用。对于给定的问题，智能系统（或智能Agent）的行为一般是找到能够达到所希望目标状态的动作序列，并使其所付出的代价最小，性能最好。基于给定的问题，问题求解的第一步是目标的表示。

搜索就是找到智能Agent的动作序列的过程，搜索算法的输入是给定的问题，输出是表示为动作序列的方案。一旦有了方案，就可以执行该方案所给出的动作了。这一阶段称为执行阶段。因此，智能Agent求解一个问题主要包括三个阶段：目标表示、搜索和执行。

一般给定一个问题就是确定该问题的一些基本信息，Agent可以据此做出决定。一个问题由以下4个部分组成：

①初始状态集合：定义了Agent所处的环境。
②操作符集合：把一个问题从一个状态交换为另一个状态的动作集合。
③目标检测函数：Agent用来确定一个状态是不是目标。
④路径费用函数：对每条路径赋予一定费用的函数。

其中初始状态集合和操作符集合定义了问题的搜索空间。

在人工智能中，搜索问题一般包括两个重要的问题：搜索什么？在哪里搜索？搜索什么通常指的就是目标，而在哪里搜索就是"搜索空间"。搜索空间通常是指一系列状态的汇集，因此也称为状态空间。和通常的搜索空间不同，人工智能中大多数问题的状态空间在问题求解之前不是全部知道的。

所以，人工智能中的搜索可以分成两个阶段：状态空间的生成阶段和在该状态空间中对所求解问题状态的搜索。由于一个问题的整个空间可能会非常的大，在搜索之前生成整个空间会占用太大的存储空间。为此，状态空间一般是逐渐扩展的，"目标"状态是在每次扩展的时候进行搜索的。

一般搜索可以根据是否使用启发式信息分为盲目搜索和启发式搜索。也可以根据问题的表示方式分为状态空间搜索和与/或树搜索。状态空间搜索是指用状态空间法来求解问题所进行的搜索。与/或树搜索是指用问题归约方法来求解问题时所进行的搜索。状态空间法和问题归约法是人工智能中最基本的两种问题求解方法，状态空间表示法和与/或树表示法则是人工智能中最基本的两种问题表示方法。

盲目搜索一般是指从当前的状态到目标状态需要走多少步或者每条路径的花费并不知道，所能做的只是可以区分出哪个是目标状态。因此，它一般是按预定的搜索策略进行搜索。由于这种搜索总是按预定的路线进行，没有考虑到问题本身的特性，所以这种搜索具有很大的盲目性，效率不高，不便于复杂问题的求解。启发式搜索是在搜索过程中加入了与问题有关的启发性信息，用于指导搜索朝着最有希望的方向前进,加速问题的求解并找到最优解。显然盲目搜索不如启发式搜索效率高,但是由于启发式搜索需要和问题本身特性有关的信息,而对于很多问题这些信息很少,或者根本就没有,或者很难抽取,所以盲目搜索仍然是很重要的搜索策略。

在搜索问题中,主要的工作是找到正确的搜索策略。搜索策略可以通过下面四个准则来评价:

①完备性:如果存在一个解答,该策略是否保证能够找到?

②时间复杂性:需要多长时间可以找到解答?

③空间复杂性:执行搜索需要多少存储空间?

④最优性:如果存在不同的几个解答,该策略是否可以发现最高质量的解答?

搜索策略反映了状态空间或问题空间扩展的方法,也决定了状态或问题的访问顺序。搜索策略的不同,人工智能中的搜索问题的命名也不同。

二、图搜索

为了提高搜索效率,图搜索并不是先生成所有状态的连接图再进行搜索,而是边搜索边生成图,直到找到一个符合条件的解,即路径为止。在搜索的过程中,生成的无用状态越少,即非路径上的状态越少,搜索的效率就越高,所对应的搜索策略就越好。

(一)宽度优先搜索

宽度优先搜索算法是沿着树的宽度遍历树的节点,它从深度为0的层开始,直到最深的层次。它可以很容易地用队列实现。

宽度优先搜索中,空间复杂度和时间复杂度一样,需要很大的空间,这是因为树的叶节点都同时需要储存起来。

宽度优先搜索是一种盲目搜索,时间和空间复杂度都比较高,当目标节点距离初较远时会产生许多无用的节点,搜索效率较低。宽度优先搜索中时间需求是一个很大的问题,特别是当搜索的深度比较大时尤为严重,空间需求是比执行时间更严重的一个问题。

但是宽度优先搜索也有其优点:目标节点如果存在,用宽度优先搜索算法总可以找到该目标节点,而且是 d 最小(即最短路径)的节点。

(二)深度优先搜索

深度优先搜索生成节点并与目标节点进行比较是沿着树的最大深度方向进行的,只有当上次访问的节点不是目标节点,而且没有其他节点可以生成的时候,才转到上次访问节点的父节点。转移到父节点后,该算法会搜索父节点的其他的子节点。因此深度优先搜索也称为回溯搜索，它总是首先扩展树的最深层次上的某个节点，只有当搜索遇到一个死亡节点（非目标节点而且不可扩展），搜索方法才会返回并扩展浅层次的节点。上述原理对树中每一节点是递归实现的，实现该递归过程的比较简单的一种方法是采用栈。下面的方法就是基于栈实现的深度优先搜索算法：

Procedure Depth First Search Begin

（1）把初始节点压入栈，并设置栈顶指针；

（2）While 栈不空 do

Begin

弹出栈顶元素；

If 栈顶元素＝goal，成功返回并结束；

Else 以任意次序把栈顶元素的子女压入栈中；

End While

End.

在上述算法中，初始节点放到栈中，栈指针指向栈的最上边的元素。为了对该节点进行检测，需要从栈中弹出该节点，如果是目标，该算法结束，否则把其子节点以任何顺序压入栈中。该过程直到栈变成为空。

1. 深度优先搜索的空间复杂性

深度优先搜索对内存的需求是比较适中的。它只需要保存从根到叶的单条路径，包括在这条路径上每个节点的未扩展的兄弟节点。当搜索过程到达了最大深度的时候，所需要的内存最大。假定每个节点的分支系数为 b，当我们考虑深度为 d 的一个节点时，保存在内存中的节点的数量包括到达深度 d 时所有未扩展的节点以及正在被考虑的节点。因此，在每个层次上都有（b－1）个未扩展的节点，总的内存需要量为 d（b－1）＋1。因此深度优先搜索的空间复杂度是 b 的线性函数 O（bd），而宽度优先搜索的空间复杂度是 b 的指数函数。事实上，这也是深度优先搜索最有用的一个方面。

2. 深度优先搜索的时间复杂性

深度优先搜索的优点是比宽度优先搜索算法需要较少的空间，该算法只需保存搜索树的一部分，它由当前正在搜索的路径和该路径上还没有完全展开的节点标志所组成。因此，深度优先搜索的存储器要求是深度约束的线性函数。但是其主要问题是可能搜索到了错误的路径上。很多问题可能具有很深甚至是无限的搜索树，如果不幸选择了一个错误的路径，则深度优先搜索会一直搜索下去，而不会回到正确的路径上。这样对于这些问题，深度优先搜索要么陷入无限的循环而不能给出一个答案，要么最后找到一个答案，但路径很长而且不是最优的答案。这就是说深度优先搜索既不是完备的,也不是最优的。

三、启发式搜索

前面讨论的各种搜索方法都是按事先规定的路线进行搜索,没有用到问题本身的特征信息,具有较大的盲目性,产生的无用节点较多,搜索空间较大,效率不高。如果能够利用搜索过程所得到的问题自身的一些特征信息来指导搜索过程,则可以缩小搜索范围,提高搜索效率。像这样利用问题自身特征信息来引导搜索过程的方法称为启发式方法。

启发式搜索通常用于两种不同类型的问题:前向推理和反向推理。前向推理一般用于状态空间的搜索。在前向推理中,推理是从预选定义的初始状态出发向目标状态方向执行;反向推理一般用于问题归约中。在反向推理中,推理是从给定的目标状态向初始状态执行。

(一)启发性信息和评估函数

在搜索过程中,关键的一步就是如何选择下一个要考察的节点,选择的方法不同就形成了不同的搜索策略。如果在选择节点时能充分利用与问题有关的特征信息,估计出节点的重要性,就能在搜索时选择重要性较高的节点,以利于求得最优解。我们称这个过程为启发式搜索。"启发式"实际上代表了"大拇指准则":在大多数情况下是成功的,但不能保证一定成功的准则。

(二)启发式 OR 图搜索算法

大多数前向推理问题可以表示为 OR 图,其中图中的节点表示问题的状态,弧表示应用于当前状态的规则,该规则引起状态的转换。当有多个规则可用于当前状态的时候,可以从该状态的各个子状态中选择一个比较好的状态作为下一个状态。

1. 爬山算法

爬山算法是一种局部择优的方法,是采用启发式方法,对深度优先搜索的一种改进。"生成与测试"搜索只是扩展搜索空间,并且在该空间中检测目标是否出现。这种方法几乎是一种耗尽式搜索,效率很低。于是人们考虑是否可以利用反馈信息以帮助决定生成什么样的解,这就是爬山算法。爬山算法采用了前面定义的评估函数 f(x) 用来估计目标状态和当前状态的"距离"。当一个节点被扩展以后,对节点 x 进行评估得到 f(x),按 f(x)的升序排列这些函数值,并把这些节点按 f(x)的升序压入栈。所以,栈顶元素具有最小的 f(x)值。现在弹出栈顶元素并和目标节点比较,如果栈顶元素不是目标,则扩展栈顶元素,并计算其所有子节点的 f 值,并按升序把这些子节点压入栈中。如果栈顶元素是目标,则算法退出,否则该过程会循环下去,直到栈为空。下面给出它的搜索过程：

Procedure Hill-Climbing Begin

（1）确定可能的开始状态并测量它们和目标节点的距离（f）；

以升序排列把这些节点压入栈；

（2）Repeat

弹出栈顶元素；

If 栈顶元素＝goal；返回并结束；

Else 把该元素的子女以升序排列压入栈中；

Until 栈为空；

End

爬山算法一般存在以下三个问题。

①局部最大：由于爬山算法每次选择 f 值最小的节点时都是从子节点范围内选择，选择范围较窄。因此爬山算法是一种局部择优的方法。局部最大一般比状态空间中全局最大要小，一旦到达了局部最大，算法就会停止，即便该答案可能并不能让人满意。

②高地：高地是状态空间中评估函数值基本不变的一个区域，也称为平顶，在某一局部点周围 $f(x)$ 为常量。一旦搜索到达了一个高地，搜索就无法确定要搜索的最佳方向，会产生随机走动，这使得搜索效率降低。

③山脊：山脊可能具有陡峭的斜面，所以搜索可以比较容易地到达山脊的顶部，但是山脊的顶部到山峰之间可能倾斜得很平缓。除非正好有合适的操作符直接沿着山脊的顶部移动，否则该搜索可能会在山脊的两面来回震荡，搜索的前进步伐会很小。

在每种情况中，算法都会到达一个点，使得算法无法继续前进。如果出现这种情况，可以从另外一个点重新启动该算法。这称为随机重启爬山算法。爬山算法是否成功和状态空间"表面"的形状有很大的关系：如果只有很少的局部最大值，随机重启爬山算法将会很快地找到一个比较好的解答。如果该问题是 NP 完全的，则该算法不可能好于指数时间。这是因为一定具有指数数量的局部最大值。然而，通常经过比较少的步骤，爬山算法一般就可以得到比较合理的解答。

2. 模拟退火法

"退火（Annealing）"是金属铸造的一个过程，它是指金属首先在高温下熔化，然后让它冷却下来直到它成为固态。因此，在退火的物理过程中，温度很高的材料的能量逐渐丢失，最终达到最小能量的状态。一般情况下，大多数物理过程是从高温状态转换到低温状态，但是仍然有比较小的概率，它可以跨越能量状态的低谷，上升到另一个能量状态。例如，考虑一个滚动的球，从一个高能量状态滚动到一个低谷，然后滚到高一点的能量状态。

模拟退火算法可表示如下。

Procedure Simulated Annealing Begin

（1）确定可能的开始状态并测量它们和目标节点的距离（f）；

以升序排列把这些节点压入栈；

（2）Repeat

弹出栈顶元素；

If 栈顶元素＝goal；结束并返回；

Else do

Begin

①产生栈顶元素 N 的子女并计算每个子女的 f 值；

②If 如果至少有一个子女的 f 测量值改善了；

Then 以升序排列把这些子女压入栈中；

③If N 的子女的 f 值没有一个变好了；

Then do

Begin

End

Until 栈为空；

End.

如果总是存在一个比现在状态更好的下一个状态，并且该状态就是栈顶指针指向的状态，则该算法和爬山算法类似。如果不是这种情况，则会调用算法最后的 Begin－End 部分。这一部分就是模拟退火部分。它一个一个检测合理的后续状态，查看该状态出现的概率是否大于［0，1］之间的随机值。如果是，则选择该状态，否则检测下一个可能的状态。我们希望的是至少有一个状态出现的概率大予随机生成的概率。

3. 最好优先

以上讨论的各种算法，主要问题是如何选择下一个状态来考察。爬山算法是按希望的大小来排列初始状态，然后检测位于列表中第一个位置的状态。如果它是目标，算法终止；如果它不是目标，该状态由其儿女替代，这些儿女以某种顺序放入列表的前面。因此爬山算法还是没有脱离深度优先法的基本思想。而在最好优先方法中，搜索是从最有希望的节点开始，并且生成其所有的儿女节点。然后计算每个节点的性能（合适性），基于该性髓选择最有希望的节点扩展。

注意，这里是对所有的节点进行检测，然后选择最有希望的节点进行扩展，而不是仅仅从当前节点所生成的子节点中进行选择。因此和爬山算法不同，如果在早期选择了一个错误的节点，最好优先搜索提供了一个修改的余地。这是最好优先搜索和爬山算法相比比较好的一点。

Procedure Best－First－Search Begin

（1）确定可能的开始状态并测量它们和目标节点的距离（f）；

把这些节点插入表 L 中；

（2）While 表 L 不空

Begin

①取出 L 中 f 值最小的节点；如果有多个节点具有最小的值，从中任选一个节点（假设为 n）；

②If n＝goal；

then 返回 n 以及从初始节点开始的路径，并结束；

Else 从 L 中删除节点 n，把该节点的所有子女放入表 L 中，并标记从初始节点开始的路径；

End While；

End

最好优先搜索算法是一个通用的算法，但是，该算法并没有显式地给出如何定义启发式函数，并且它不能保证当从起始节点到目标节点的最短路径存在时，一定能够找到它。为此需要对启发式函数等进行限制，A* 算法就是对启发式函数等问题加上限制后得到的一种启发式搜索算法。

四、搜索的完备性与效率

（一）搜索的完备性

对于一类可解的问题和一个搜索过程，如果运用该搜索过程一定能求得该类问题的解，则称该搜索过程为完备的，否则为不完备的。

完备的搜索过程称为"搜索算法"①，简称为"算法"。不完备的搜索过程不是算法，称为"过程"。在搜索过程中，广度优先搜索、代价树的广度优先搜索、改进后的有界深度优先搜索以及 A* 算法都是完备的搜索过程，其他搜索过程都是不完备的。

（二）搜索的效率

一个搜索过程的搜索效率不仅取决于过程自身的启发能力，而且还与被解问题的有关属性等多种因素有关。目前虽已有多种定义和计算搜索效率的方法，但都有一定的局限性。

第三节 自然语言处理

一、自然语言及其理解概述

语言被表示成一连串的文字符号或者一串声流，其内部是一个层次化的结构。一个文字表达的句子是由词素→词或词形→词组或句子，用声音表达的句子则是由音素→音节→音词→音句，其中的每个层次都收到文法规则的约束，因此语言的处理过程也应当是一个层次化的过程。

（一）自然语言分析的层次

语言学家定义了自然语言分析的不同层次。

1. 韵律学

处理语言的节奏和语调。这一层次的分析很难形式化，经常被省略；然而，其重要性在诗歌中是很明显的，就如同节奏在儿童记单词和婴儿牙牙学语中所具有的作用一样。

2. 音韵学

处理的是形成语言的声音。语言学的这一分支对于计算机语音识别和生成很重要。

3. 词态学

涉及组成单词的成分（词素）。包括控制单词构成的规律，如前缀（un—，non—，anti—等）的作用和改变词根含义的后缀（—ing，—ly 等）。词态分析对于确定单词在句子中的作用很重要，包括时态、数量和部分语音。

4. 语法

研究将单词组合成合法的短语和句子的规律，并运用这些规律解析和生成句子。这是语言学分析中形式化最好因而自动化最成功的部分。

5. 语义学

考虑单词、短语和句子的意思以及自然语言表示中传达意思的方法。

6. 语用学

研究使用语言的方法和对听众造成的效果。例如，语用学能够指出为什么通常用"知道"来回答"你知道几点了吗？"是不合适的。

7. 世界知识

世界知识包括自然世界人类社会交互世界的知识以及交流中目标和意图的作用。这些通用的背景知识对于理解文字或对话的完整含义是必不可少的。

语言是一个复杂的现象,包括各种处理,如声音或印刷字母的识别、语法解析、高层语义推论,甚至通过节奏和音调传达的情感内容。虽然这些分析层次看上去是自然而然的而且符合心理学的规律,但是它们在某种程度上是强加在语言上的人工划分。它们之间广泛交互,即使很低层的语调和节奏变化也会对说话的意思产生影响,例如讽刺的使用。这种交互在语法和语义的关系中体现得非常明显,虽然沿着这些界线进行某些划分似乎很有必要,但是确切的分界线很难定义。例如,像"They are eating apples."这样的句子有多种解析,只有注意上下文的意思才能决定。

自然语言理解程序通常将原句子的含义翻译成一种内部表示,包括如下三个阶段:

第一个阶段是解析,分析句子的句法结构。解析的任务在于既验证句子在句法上的合理构成,又决定语言的结构。通过识别主要的语言关系,如主—谓、动—宾和名词—修饰,解析器可以为语义解释提供一个框架。通常用解析树来表示它。解析器运用的是语言中语法、词态和部分语义的知识。

第二个阶段是语义解释,旨在对文本的含义生成一种表示,如概念图。其他一些通用的表示方法包括概念依赖、框架和基于逻辑的表示法等。语义解释使用如名词的格或动词的及物性等关于单词含义和语言结构的知识。

第三个阶段要完成的任务是将知识库中的结构添加到句子的内部表示中,以生成句子含义的扩充表示。这样产生的结构表达了自然语言文字的意思,可以被系统用来进行后续处理。

(二) 自然语言理解的层次

自然语言理解中至少有三个主要问题。

第一,需要具备大程序量的人类知识。语言动作描述的是复杂世界中的关系,关于这些关系的知识必须是理解系统的一部分。

第二,语言是基于模式的。音素构成单词,单词组成短语和句子。音素、单词和句子的顺序不是随机的,没有对这些元素的规范使用,就不可能达成交流。

第三,语言动作是主体的产物,主体或者是人或者是计算机。主体处在个体层面和社会层面的复杂环境中,语言动作都是有其目的的。

从微观上讲,自然语言理解是指从自然语言到机器内部的映射;从宏观上看,自然语言是指机器能够执行人类所期望的某些语言功能。这些功能主要包括:

①回答问题:计算机能正确地回答用自然语言输入的有关问题。

②文摘生成:机器能产生输入文本的摘要。

③释义：机器能用不同的词语和句型来复述输入的自然语言信息。

④翻译：机器能把一种语言翻译成另外一种语言。

许多语言学家将自然语言理解分为五个层次：语音分析、词法分析、句法分析、语义分析和语用分析。

语音分析就是根据音位规则，从语音流中区分出一个个独立的音素，再根据音位形态规则找出一个个音节及其对应的词素或词。

词法指词位的构成和变化的规则，主要研究词自身的结构与性质。词法分析的主要目的是找出词汇的各个词素，从中获得语言学信息。

句法是指组词成句的规则，描述句子的结构，词之间的依赖关系。句法是语言在长期发展过程中形成的，全体成员必须共同遵守的规则。句法分析是对句子和短语的结构进行分析，找出词、短语等的相互关系及各自在句子中的作用等，并以一种层次结构加以表达。层次结构可以是反映从属关系、直接成分关系，也可以是语法功能关系。

语义分析就是通过分析找出词义、结构意义及其结合意义，从而确定语言所表达的真正含义或概念。

语用就是研究语言所存在的外界环境对语言使用所产生的影响。②它描述潜言的环境知识，语言与语言使用者在某个给定语言环境中的关系。关注语用信息的自然语言处理系统更侧重于讲话者/听话者模型的设定，而不是处理嵌入给定话语中的结构信息。学者们提出了多钟语言环境的计算模型，描述讲话者和他的通信目的，听话者和他对说话者信息的重组方式。构建这些模型的难点在于如何把自然语言处理的不同方面以及各种不确定的生理、心理、社会及文化等背景因素集中到一个完整连贯的模型中。

二、词法、句法与语义分析

（一）词法分析

词法分析是理解单词的基础，其主要目的是从句子中切分出单词，找出词汇的各个词素，从中获得单词的语言学信息并确定单词的词义，如unchangeable是由un－change－able构成的，其词义由这三个部分构成。不同的语言对词法分析有不同的要求，例如，英语和汉语就有较大的差距。在英语等语言中，因为单词之间是以空格自然分开的，切分一个单词很容易，所以找出句子的一个个词汇就很方便。但是由于英语单词有词性、数时态、派生及变形等变化，要找出各个词素就复杂得多，需要对词尾或词头进行分析。如importable，它可以是im－pot－able或import－able，这是因为im、port、able这三个都是词素。

词法分析可以从词素中获得许多有用的语言学信息。如英语中构成词尾的词素"s"通常表示名词复数或动词第三人称单数,"ly"通常是副词的后缀,而"ed"通常是动词的过去分词等,这些信息对于句法分析也是非常有用的。一个词可有许多种派生变形,如 work,可变化出 works、worked、working、worker、workable 等。这些派生的变形的词,如果全放入词典将是非常庞大的,而它们的词根只有一个。自然语言理解系统中的电子词典一般只放词根,并支持词素分析,这样可以大大压缩电子词典的规模。

下面是一个英语词法分析的算法,它可以对那些按英语语法规则变化的英语单词进行分析:

repeat
look for study in dictionary if not found
then modify the study
Until study is found no further modificatiobpossidle

其中"study"是一个变量,初始值就是当前的单词。

例如,对于单词 matches、studies 可以做如下分析。

matches	studies	词典中查不到
matche	studie	修改 1:去掉"—s"
match	studi	修改 2:去掉"—e"
study		修改 3:把"i"变成"y"

在修改 2 的时候,就可以找到"match",在修改 3 的时候就可以找到"study"。英语词法分析的难度在于词义判断,因为单词往往有多种解释,仅仅依靠查词典常常无法判断。例如,对于单词"diamond"有三种解释:菱形,边长均相等的四边形;棒球场;钻石。要判定单词的词义只能依靠对句子中其他相关单词和词组的分析。例如句子"John saw Slisan's diamond shining from across the room."中"diamond"的词义必定是钻石,因为只有钻石才能发光,而菱形和棒球场是不闪光的。

作为对照,汉语中的每个字就是一个词素,所以要找出各个词素相当容易,但要切分出各个词就非常困难,不仅需要构词的知识,还需要解决可能遇到的切分歧义。如"不是人才学人才学",可以是"不是人才—学人才学",也可以是"不是人—才学人才学"。

(二)句法分析

句法分析主要有两个作用:第一,对句子或短语结构进行分析,以确定构成句子的各个词、短语之间的关系以及各自在句子中的作用等,并将这些关系用层次结构加以表达;第二,对句法结构进行规范化。在对一个句子进行分析的过程中，如果把分析句子各成分间的关系的推导过程用树形图表示出来的话，那么这种图称为句法分析树。句法分析是由专门设计的分析器进行的，分析过程就是构造句法树的过程，将每个输入的合法语句转换为一棵句法分析树。

分析自然语言的方法主要分为两类：基于规则的方法和基于统计的方法。这里主要介绍基于规则的方法。

1. 乔姆斯基文法体系

乔姆斯基（Chomsky）以有限自动机为工具刻画语言的文法，把有限状态语言定义为由有限状态文法生成的语言，于1956年建立了自然语言的有限状态模型。

型号越高所受约束越多，生成能力就越弱，能生成的语言集就越小，也就是说型号的描述能力就越弱。

（1）正则文法

正则文法又称有限状态文法，只能生成非常简单的句子。正则文法有两种形式：左线性文法和右线性文法。

（2）上下文无关文法

上下文无关文法的生成能力略强于正则文法。

自然语言是一种与上下文有关的语言，上下文有关语言需要用1型文法描述。文法规则允许其左部有多个符号（至少包括一个非终结符），以指示上下文相关性，即上下文有关指的是对非终结符进行替换时需要考虑该符号所处的上下文环境。但要求规则的右部符号的个数不少于左部，以确保语言的递归性。

由于上下文无关语言的句法分析远比上下文有关语言有效，因此希望在增强上下文无关语言的句法分析的基础上，实现自然语言的自动理解。ATN就是基于这种思想实现的一种自然语言句法分析技术。

2. 句法分析树

在对一个句子进行分析的过程中，如果把分析句子各成分间关系的推导过程用树形图表示出来，那么这种图称为句法分析树，在句法分析树中，初始符号总是出现在树根上，终止符总是出现在叶上。

3. 转移网络

句法分析中的转移网络由结点和带有标记的弧组成，结点表示状态，弧对应于符号，基于该符号，可以实现从一个给定的状态转移到另一个状态。

用转移网络分析一个句子，首先从句子S开始启动转移网络。如果句子表示形成和转移网络的部分结构（NP）匹配，那么控制会转移带和NP相关的网络部分。这样,转移网络进入之间状态,然后接着检查 VP 短语,在 VP 的转移网络中,假设整个 VP 匹配成功,则控制会转移到终止状态,并结束。

扩充转移网络(Augmented Transition Net-work,ATN)文法属于一种增强型的上下文无关文法,即用上下文无关文法描述句子文法结构,并同时提供有效的方式将各种理解语句所需要的知识加到分析系统中,以增强分析功能,从而使应用 ATN 的句法分析程序具有分析上下文有关语言的能力。

ATN 主要是对转移网络中的弧附加了过程而得到的。当通过一个弧的时候,附加在该弧上的过程就会被执行。这些过程的主要功能有:

①对文法特征进行赋值;

②检查数(Num-ber)或人称(第一、二或三人称)条件是否满足,并据此允许或不允许转移。

(三)语义分析

句法分析通过后并不等于已经理解了所分析的句子,至少还需要进行语义分析,把分析得到的句法成分与应用领域中的目标表示相关联,才能产生唯一正确的理解。简单的做法就是依次使用独立的句法分析程序和语义解释程序。这样做的问题是,在很多情况下句法分析和语义分析相分离,常常无法决定句子的结构。ATN 允许把语义信息加进句法分析,并充分支持语义解释。为有效地实现语义分析,并能与句法分析紧密结合,学者们给出了多种进行语义分析的方法,这里主要介绍语义文法和格文法。

1. 语义文法

语义文法是将文法知识和语义知识组合起来,以统一的方式定义为文法规则集。语义文法是上下文无关的,形态上与面向自然语言的常见文法相同,只是不采用 NP、VP 及 PP 等表示句法成分的非终止符,而是使用能表示语义类型的符号,从而可以定义包含语义信息的文法规则。

下面给出一个关于舰船信息的例子,可以看出语义文法在语义分析中的作用。

S→PRESENT the ATTRIBUTE of SHIP

PRESENT→what is I can you tell me

ATTRIBUTE→length I class

SHIP→the SHIPNAME I CLASSNAME class ship

SHIPNAME→Huanghe I Changjiang

CLASSNAME→carrier I submarine

2. 格文法

格文法主要是为了找出动词和跟它处在结构关系中的名词的语义关系,同时也涉及动词或动词短语与其他的各种名词短语之间的关系。格文法的特点是允许以动词为中心构造分析结果，尽管文法规则只描述句法，但分析结果产生的结构却对应于语义关系，而非严格的句法关系。

在格表示中，一个语句包含的名词词组和介词词组均以它们与句子中动词的关系来表示，称为格。在格文法中，格表示的语义方面的关系，反映的是句子中包含的思想、观念等，称为深层格。和短语结构文法相比，格文法对于句子的深层语义有着更好的描述。无论句子的表层形式如何变化，如主动语态变为被动语态，陈述句变为疑问句，肯定句变为否定句等，其底层的语义关系，各名词成分所代表的格关系不会发生相应的变化。

三、大规模真实文本的处理

语料库（Corpus），指存储语言材料的仓库。现代的语料库是指存放在计算机里原始语料库是指存放在计算机里的原始语料文本或经过加工后带有语言学信息标注的语料文本。关于语料库的三点基本认识：

第一，语料库中存放的是在语言的实际使用中真实出现过的语言材料；

第二，语料库是以电子计算机为载体承载语言知识的基础资源；

第三，真实语料需要经过加工（分析和处理），才能成为有用的资源。

WordNet是按一定结构组织起来的语义类词典，主要特征表现如下：

①整个名词组成一个继承关系；

②动词是一个语义网。

大规模真实文本处理的数学方法主要是统计方法，大规模的经过不同深度加工的真实文本的语料库的建设是基于统计性质的基础。如何设计语料库，如何对生语料进行不同深度的加工以及加工语料的方法等，正是语料库语言学要深入进行研究的。

规模为几万、十几万甚至几十万的词，含有丰富的信息（如包含词的搭配信息、文法信息等）的计算机可用词典，对自然语言的处理系统的作用是很明显的。采用什么样的词典结构，包含词的哪些信息，如何对词进行选择，如何以大规模语料为资料建立词典，即如何从大规模语料中获取词等都需要进行深入的研究。

对大规模汉语语料库的加工主要包括自动分词和标注，包括词性标注和词义标注。汉语自动分词的方法主要以基于词典的机械匹配分词方法为主，包括：最大匹配法、逆向最大匹配法、逐词遍历匹配法、双向扫描法、设立切分标志法及最佳匹配法等。

词性标注就是在给定句子中判定每个词的文法范畴，确定其词性并加以标注的过程。词性标注的方法主要就是兼类词的歧义排除方法。方法主要有两大类：一类是基于概率统计模型的词性标注方法；另一类是基于规则的词性标注方法。

词义标注是对文本中的每个词根据其所属上下文给出它的语义编码，这个编码可以是词典释义文本中的某个义项号，也可以是义类词典中相应的义类编码。

世界各国对语料库和语言知识库的开发都投入了极大的关注。1979年，中国开始进行机读语料库建设，先后建成汉语现代文学作品语料库、现代汉语语料库、中学语文教材语料库和现代汉语词频统计语料库。

四、基于语料库的自然语言建模方法

语言模型是对自然语言的描述，研究语言模型的构造方法是计算语言学的核心。目前，语言模型主要包括规则语言模型和统计语言模型两大类。规则语言模型也称为基于知识的语言模型或惟理模型，它是根据语言学家的语言知识，利用形式语言和形式文法实现对语言的高度抽象描述。

统计语言模型也称概率模型或经验模型，主要是利用数理统计方法，从大规模语料库中获取蕴含在其中的语言表达知识，并以这些知识构造表达语言的数学模型。尽管基于大规模语料库的统计学方法在自然语言处理领域带来了成果，但这些方法似乎已发挥到了极致。要想取得新的、更大的、实质性的进展，还有待于从语言模型的建立方法或理论上实现重大突破。

例如，将基于语言知识和逻辑推理的规则性方法与基于大规模真实语料库的统计性方法相结合可能就是一种尝试。这里我们试图通过对现有的一些语言模型结构及应用的分析，探讨语言模型的构造机理以及建立语言模型所依据的数学理论和所使用的方法，从而为人们在自然语言处理领域，针对不同的应用目标，选择适当的数学理论并使用适当的数学工具和方法，建造有效的、面向目标的语言模型指明方向。

（一）基于概率分布的语言建模

基于概率分布的语言模型主要依据字、词或字对、词对在文本中的分布概率或出现频率，利用概率统计理论和归纳方法，通过数学抽象，将概率或频次构成某种数学关系式，以实现对文本中字或词之间关系的表示，实现对文本的数学描述。由于不考虑过多的上下文信息，因而不涉及相邻词之间的转移概率问题，构造方法相对简单，一般可通过下列步骤实现概率分布模型的构造：

①统计计算文本中的词频或串频，以及词对出现的频率；
②利用最大似然法（MLE）等方法，求取词或词对的概率；

③利用概率统计理论和归纳学习方法，从统计数据中归纳抽提（或学习）出词语间的定性关系，形成表述词语间关系的语言模型；

④利用训练语料对模型中的参数进行定量估计和确定。

互信息模型就是基于概率分布的典型模型，它通过两个词的同现概率以及每个词在文本中的出现概率来反映文本中两个词间的联系强度，已被用在自然语言处理的许多领域。

（二）基于上下文信息的语言建模

在任何一个真实的自然语言文本中，语言符号的出现概率是相互关联、相互制约的，只有考虑上下文之间的关系，才能真实地描述文本的本质，况且考虑的上下文信息越多，语言模型所反映的语序越逼近真实的语言句法模式。所以，这类语言模型也是近年来语言模型研究的重点，它在机器翻译、语音识别、文本校对等领域具有十分重要的应用价值。这类语言模型的建立，主要依据随机过程理论或信息论理论建立模型的数学结构，再通过统计方法和语句中的上下文信息实现模型参数的整定。

1. 基于随机过程理论的模型构造

自然语言文本中各语言符号的出现概率并不相互独立，每个随机试验的结局依赖于它前面的随机试验的结局，也就是说，各语言符号的出现是相互联系相互制约的，它表明可以将自然语言文本看作一个随机过程。

基于随机过程原理所建立的自然语言模型必能更加准确反映语言的本质，n－gram 模型和隐马尔科夫模型（HMM）多年来在自然语言处理领域长盛不衰的原因可能就在于此。因为 n－gram 模型和 HMM 实际上都是基于随机过程原理而建立的语言模型。

（1）n－gram 模型与 Markov 模型

Markov 模型是独立随机试验模型的直接推广，它因早在 1906 年俄国著名数学家马尔科夫（Markov）对其研究而得名。

随机过程有两层含义：第一，它是一个时间函数，随时间的改变而改变；第二，每个时刻上的函数值是不确定的，是按照一定的概率随机分布的。实际上，自然语言中每个字母或音素的出现随着时间的改变而改变，是时间的函数，而在每个时刻上出现什么字母（或音素）则有一定的概率性，是随机的。

如果只考虑前面一个语言符号对后面一个语言符号出现概率的影响，这样得出的语言成分的链称作一阶马尔科夫链；如果考虑前面两个语言符号对后面一个语言符号出现概率的影响，则称作二阶马尔科夫链，以此类推，当考虑前面 n 个语言符号对后面一个语言符号出现概率的影响，则称作 n 阶马尔科夫链。随着马尔科夫链阶数的增大，随机试验所得出的语言符号链愈来愈接近有意义的语言文本。然而，正像语言学家乔姆斯基所指出的，描述自然语言的马尔科夫链的阶数并不是无穷增加的，它的极限就是语法上和语义上成立的自然语言句子的集合，这样，就有理由将自然语言的句子看成是重数很大的马尔科夫链了。

（2）隐 Markov 模型

隐 Markov 模型是由鲍姆（Baum）首先提出的，后被广泛地应用于语音识别和词性标注。它包含了双重随机过程，一个是系统状态变化的过程，状态变化所形成的状态序列叫作状态链；另一个是由状态决定观察的随机过程，是一个输出的过程，所得到的输出序列称作输出链。"隐"的意思就是输出链是可观察到的，但状态链却是"隐藏"的、看不见的。

（3）与基于概率分布的统计模型区别

由于考虑相邻词间的相互影响，基于随机过程理论所构造的语言模型中包含了相邻词间的转移概率，所以，Markov 和隐 Markov 模型中的一个很重要的参数就是状态转移矩阵，而在基于概率分布的统计模型中不会涉及词间的转移概率问题。

（4）建模时要考虑的因素

在构造 n-gram 模型时，主要涉及以下问题：

①模型参数 n 的选取。从理论上讲，n 值越大，所反映的语序越逼近真实的句法模式，因而会有更加良好的语法匹配效果。但在实际应用中，n 值的增大又会带来存储资源的急剧扩张和因统计数据稀疏而造成的计算误差。

②建模单元的选择。选择合适的建模单元，对模型的性能也有非常大的影响。例如，在对汉语语言建立模型时，可以字为单位建立模型，也可以词为单位建立模型。当 n 相同时，基于词的模型优于基于字的模型，当然构造的难度也大，这是由于汉语中词的数量远多于字的数量。所以，要提高所建模型的性能，阶数 n 与建模单元的选择是需要权衡的一对矛盾。

③信道模型的选择。不同的信道模型适合于不同的应用对象，也可能导致不同的模型结构。

④状态转移矩阵的求取。这要通过对语料的统计处理才能得到。

在构建隐 Markov 模型时，首先是确定系统状态，并为系统的初始状态赋初值，形成系统的初始概率分布；然后，根据系统状态的数量以及语料统计数据获取状态转移矩阵以及输出概率矩阵，关键之处是参数的求取。

2. 基于信息论最大熵方法的模型构造

最大熵方法是根据上下文建立语言模型的一种有效方法，它以上下文中对当前词的输出有影响的信息为特征，以信息论为理论依据，计算这些特征的信息熵，信息熵最大的特征说明对当前词的表征作用最强，并以这些特征构造模型。其问题描述如下：

设随机过程 P 所有的输出值构成有限集 Y，对于每个输出 y∈Y，其生成均受上下文信息 x 的影响和约束。已知与 y 有关的所有上下文信息组成的集合为 X，则模型的目标是：给定上下文 x∈X，计算输出为 y∈Y 的条件概率，即对 P（y｜x）进行估计。P（y｜x）表示在上下文为 x 时，模型输出为 y 的条件概率。

由问题的描述可知，基于最大熵的建模方法涉及以下因素。

(1) 特征

随机过程的输出与上下文信息工有关，但在建立语言模型时，如果考虑所有与 y 同现的上下文信息，则建立的语言模型会很烦琐，而且从语言学的知识上来讲，也不可能所有的上下文信息都与输出有关。所以在构造模型时，只要从上下文信息中选出与输出相关的信息即可，称这些对输出有用的信息为特征。

(2) 特征的约束

与输出对象有关的上下文信息特征集合可能很大，但真正对模型有用的特征只是它的一个子集，因此，根据模型的要求对特征候选集中的特征进行约束。

(3) 模型的构造和选择

利用符合要求的特征所构造的模型可能有很多个，而模型的目标是产生在约束集下具有最均匀分布的模型，而条件熵则是均匀分布的一种测量工具。最大熵的原理就是选择其中的一个条件熵最大的模型作为最后所构造的模型。

从上面的论述可知，基于上下文的语言模型主要依据随机过程的理论而建造，之所以应用 n－gram 模型和隐 Markov 模型，就是假设自然语言为具有 Markov 性的随机过程。那么，可否用 Poison 过程或 Brown 运动来刻画自然语言呢？如果可以的话，是否就可建立具有新的结构的语言模型呢？当然也可以应用别的类似于最大熵的方法来构造语言模型。事实上，已有人将 Poisson 模型应用于文本检索，也有人尝试过 Brown 模型的应用。我们提出这些问题，就是为了能够开阔人们的语言建模思路。

第四节 专家系统

一、专家系统概述

(一) 专家系统的定义与分类

1. 专家系统的定义

何谓专家系统？目前对此尚无一个精确的、全面的、众所公认的定义。产生这种状况的因素很多，主要原因是 ES 的历史相当短暂；其次，是由于各个应用领域的特点不同，人们研制专家系统的出发点不同，看待问题的角度不同，追求的目标不同，造成了对专家系统定义的不同看法。此外，ES 的发展历史是各种系统不断进化的历史，人们在不同的时期对 ES 有不同的理解，也是造成专家系统有多种定义的一个因素。

2. 专家系统的类型

若按专家系统的特性及功能分类，专家系统可分为 10 类。

(1) 解释型专家系统

解释型专家系统能根据感知数据，经过分析、推理，从而给出相应解释，例如化学结构说明、图像分析语言理解、信号解释、地质解释、医疗解释等专家系统。代表性的解释型专家系统有 DENDRAL、PROSPECTOR 等。

(2) 诊断型专家系统

诊断型专家系统能根据取得的现象、数据或事实推断出系统是否有故障，并能找出产生故障的原因，给出排除故障的方案。这是目前开发、应用得最多的一类专家系统，例如医疗诊断、机械故障诊断、计算机故障诊断等专家系统。代表性的诊断型专家系统有 MYCIN、CASNET、PUFF (肺功能诊断系统)、PIP (肾脏病诊断系统)、DART (计算机硬件故障诊断系统) 等。

(3) 预测型专家系统

预测型专家系统能根据过去和现在的信息 (数据和经验) 推断可能发生和出现的情况，例如用于天气预报、地震预报，市场预测、人口预测、灾难预测等领域的专家系统。

(4) 设计型专家系统

设计型专家系统能根据给定要求进行相应的设计，例如用于工程设计，电路设计、建筑及装修设计、服装设计、机械设计及图案设计的专家系统。对这类系统一般要求在给定的限制条件下能给出最佳的或较佳的设计方案。代表性的设计型专家系统有 XCON（计算机系统配置系统）、KBVILSI（VLSI 电路设计专家系统）等。

(5) 规划型专家系统

规划型专家系统能按给定目标拟定总体规划、行动计划运筹优化等，适用于机器人动作控制、工程规划、军事规划、城市规划生产规划等领域。这类系统一般要求在一定的约束条件下能以较小的代价达到给定的目标。代表性的规划型专家系统有 NOAH（机器人规划系统）、SECS（制定有机合成规划的专家系统）、TATR（帮助空军制订攻击敌方机场计划的专家系统）等。

(6) 控制型专家系统

控制型专家系统能根据具体情况，控制整个系统的行为，适用于对各种大型设备及系统进行控制。为了实现对控制对象的实时控制，控制型专家系统必须能直接接收来自控制对象的信息，并能迅速地进行处理，及时地做出判断和采取相应行动。控制型专家系统实际上是专家系统技术与实时控制技术相结合的产物。代表性的控制型专家系统是 YES/MVS（帮助监控和控制 MVS 操作系统的专家系统）。

(7) 监督型专家系统

监督型专家系统能完成实时的监控任务，并根据监测到的现象做出相应的分析和处理；这类系统必须能随时收集任何有意义的信息，并能快速地对得到的信号进行鉴别、分析和处理。一旦发现异常，能尽快地做出反应，如发出报警信号等。代表性的监督型专家系统是 REACTOR（帮助操作人员检测和处理核反应堆事故的专家系统）。

(8) 修理型专家系统

修理型专家系统是用于制定排除某类故障的规划并实施排除的一类专家系统，要求能根据故障的特点制订纠错方案，并能实施该方案排除故障；当制定的方案失效或部分失效时，能及时采取相应的补救措施。

(9) 教学型专家系统

教学型专家系统主要适用于辅助教学，并能根据学生在学习过程中所产生的问题进行分析、评价，找出错误原因，有针对性地确定教学内容或采取其他有效的教学手段。代表性的教学型专家系统是 GUIDON（讲授有关细菌传染性疾病方面的医学知识的计算机辅助教学系统）。

(10) 调试型专家系统

调试型专家系统用于对系统进行调试，能根据相应的标准检测被检测对象存在的错误，并能从多种纠错方案中选出适用于当前情况的最佳方案，排除错误。

（二）专家系统的特点

专家系统是一种智能计算机程序，它是以符号推理为基础的知识处理系统，主要依据知识进行推理、判断和决策。因此，专家系统有许多不同于传统程序的特点，主要有以下几点。

1. 启发性

专家系统能运用专家的知识与经验进行推理、判断和决策。世界上大部分工作和知识都是非数学性的，只有一小部分人类活动是以数学公式或数字计算为核心（约占8%）。即使是化学和物理学科，大部分也是靠推理进行思考的；对于生物学、大部分医学和全部法律，情况也是如此。企业管理的思考几乎全靠符号推理，而不是数值计算。

2. 透明性

专家系统能够解释本身的推理过程并回答用户提出的问题，以使用户能够了解推理过程，提高对专家系统的信赖感。

3. 灵活性

专家系统能不断增长知识，修改原有知识，不断更新。由于这一特点，使得专家系统具有十分广泛的应用领域

（三）专家系统的局限性

专家系统虽然得到了很多不同程度的应用，但是仍然存在一些局限性，影响了专家系统的研制和使用。

首先，知识获取的瓶颈问题一直没有得到很好的解决，基本都是依靠人工总结专家经验、获得知识。一方面在于专家是非常稀有的，专家知识很难获取。另一方面即便专家愿意帮助获取知识，但由于实际情况的多种多样，专家也很难总结出有效的知识，虽然专家自己可以很好地开展工作和解决问题。

其次，知识库总是有限的，它不能包含所有的信息。人类的智能体现在可以从有限的知识中学习到模式和特征，规则是死的但人是活的。而知识驱动的专家系统模型只能运用已有知识库进行推理，无法学习到新的知识。在知识库涵盖的范围内，专家系统可能会很好地求解问题，但哪怕只是偏离一点点，性能就可能急剧下降甚至不能求解，暴露出系统的脆弱性。

二、专家系统基本结构

（一）综合数据库及其管理系统

综合数据库简称数据库，用来存储有关领域问题的初始事实、问题描述以及系统推理过程中得到的各种中间状态或结果等，系统的目标结果也存于其中。数据库相当于专家系统的工作存储器，其规模和结构可根据系统目的的不

同而不同，在系统推理过程中，数据库的内容是动态变化的。在求解问题开始时，它存放的是用户提供的初始事实和对问题的基本描述；在推理过程中，它又把推理过程所得到的中间结果存入其中；推理机将数据库中的数据作为匹配条件去知识库中选择合适的知识（规则）进行推理，再把推理的结果存入数据库中；这样循环往复，继续推理，直到得到目标结果。例如，在医疗专家系统中，数据库存放的是当前患者的情况，如姓名、年龄、基本症状等以及推理过程中得到的一些中间结果，如引起症状的一些病因等。综合数据库是推理过程不可缺少的一块重要工作区域，其中的数据不但是推理机进行推理的依据，而且也是解释器为用户提供推理结果解释的依据。所以，它是专家系统不可缺少的重要组成部分。

（二）知识库及其管理系统

知识库是专家系统的知识存储器，用来存放被求解问题的相关领域内的原理性知识或一些相关的事实以及专家的经验性知识。原理性或事实性知识是一种广泛公认的知识，即书本知识和常识，而专家的经验知识则是长期的实践结晶。

知识库建立的关键是要解决知识的获取和知识的表示问题。知识获取是专家系统开发中的一个重要任务，它要求知识工程师要十分认真细致地对专家经验知识进行深入分析，研究提取方法。知识的表示则要解决如何用计算机能够理解的形式表达、编码和存储知识的问题。目前，专家系统中的知识提取是由知识获取机构辅助人工来完成，当把所获取的知识放于知识库中后，推理机在求解问题时就可以到知识库中搜索所需的知识。所以，知识库与推理机、知识库与知识获取机构都有着密切的关系。

知识库管理系统实现对知识库中知识的合理组织和有效管理，并能根据推理过程的需求去搜索、运用知识和对知识库中的知识做出正确的解释；它还负责对知识库进行维护，以保证知识库的一致性、完备性、相容性等。

（三）知识获取机构

知识获取机构是专家系统中的一个重要部分，它负责系统的知识获取，由一组程序组成。其基本任务是从知识工程师那里获得知识或从训练数据中自动获取知识，并把得到的知识送入知识库中，并确保知识的一致性及完整性。不同专家系统中其知识获取机构的功能和实现方法也不同，有些系统的知识获取机构自动化功能较弱，需要通过知识工程师向领域专家获取知识，再通过相应的知识编辑软件把获得的知识送到知识库中；有些系统自身就具有部分学习功能，由系统直接与领域专家对话获取知识以辅助知识工程师进行知识库的建设，也可为修改知识库中的原有知识和扩充新知识提供相应手段；有的系统具有较强的机器自动学习功能，系统可通过一些训练数据或在实际运行过程中，通过各种机器学习方法，如关联分析、数据挖掘等，获得新的知识。无论采取哪种方式，知识获取都是目前专家系统研制中的一个重要问题。

（四）推理机

推理机是专家系统在解决问题时的思维推理核心，它是一组程序，用以模拟领域专家思维过程，以使整个专家系统能够以逻辑方式进行问题求解。它能够依据综合数据库中的当前数据或事实，按照一定的策略从知识库中选择所需的启用知识，并依据该知识对当前的问题进行求解，它还能判断输入综合数据库的事实和数据是否合理，并为用户提供推理结果。

在设计推理机时，必须使程序求解问题的推理过程符合领域专家解决问题时的思维过程。所采用的推理方式可以是正向推理、反向推理或双向混合推理，推理过程可以是确定性推理或不确定性推理，可根据具体情况确定。

（五）解释器

解释器是与人机接口相连的部件，它负责对专家系统的行为进行解释，并通过人机接口界面提供给用户。它实际也是一组程序，其主要功能是对系统的推理过程进行跟踪和记录，回答用户的提问，使用户能够了解推理的过程及所运用的知识和数据，并负责解释系统本身的推理结果。其采用的形式往往包括系统提示、人机对话等。例如，回答用户提出的"为什么？"，给用户说明"结论是如何得出的？"等。解释器是专家系统不可缺少的部分，它可以使用户了解系统的推理情况，也可以帮助系统建造者发现系统存在的问题，从而帮助建造者进一步对系统进行完善。

（六）人机接口

人机接口是专家系统的另一个关键组成部分，它是专家系统与外界进行通信与交互的桥梁，由一组程序与相应的硬件组成。领域专家或知识工程师通过人机接口可以实现知识的输入与更改，并可实现知识库的日常维护；而最终用户则可通过人机接口输入要求解的问题描述、已知事实以及所关心的问题；系统则可通过人机接口输出推理结果、回答用户提出的问题或者向用户索要进一步求解问题所需的数据。

三、黑板系统结构

（一）第一个黑板系统：HEARSAY－Ⅱ口语理解系统

第一个黑板系统是 HEARSAY－Ⅱ口语理解系统。它可以理解存储于数据库中的有关计算机科学文摘的口语查询。系统中存有一千多个词汇，对于讲话者在终端室通过近距离麦克风输给系统的文献检索要求，其理解的完全正确率和语义正确率分别达到74%和91%，HEARSAY－Ⅱ系统中黑板系统结构的思路已经获得了广泛的应用。

（二）黑板模型

问题求解的黑板模型是适时问题求解的一种高度结构化的模型。所谓适时问题求解，就是应用知识在最"适宜"的机会进行正向或逆向推理。其中心思想决定什么时候和怎样使用知识。

1. 黑板模型的组成

黑板模型通常由三个主要部分组成。

知识源：应用领域的专门知识被划分成若干相互独立的知识源，每一知识源完成一特定任务。

黑板：它是把问题的解空间以层次结构的方式组织起来的全局数据库，它由所有的知识源共享。知识源之间的通信和交互只能通过黑板进行。

控制：动态的选择和激活适用的知识源，使之适时地响应黑板的变化。

2. 黑板模型的工作方式

黑板模型的工作方式就像一个"拼板游戏"。假设在一个大房间里有一个大黑板，围绕着大黑板站着一组人，每人手里拿着一些尺寸形状各异的拼板。首先我们让一些参加者将他们手中"最合适"的拼板置在黑板上（设黑板是胶粘的）。每个人都根据自己手中的拼板来判断它们是否适合于已经放在黑板上的拼板。那些具有合适的拼板的人到黑板前，将他们的拼板接到黑板上，从而修改了黑板的拼接图形。每一次新的修改都使得某些其他的拼板找到了自己的位置，其他的人可以逐次将他们的拼板放到黑板上。每个人拥有拼板数的多少完全是无关紧要的。整个拼接过程可在沉默的气氛中进行，也就是说，这一组人相互之间不需要直接通信。每个人都是自驱动的，他清楚地知道什么时候他的拼板能提供给拼接图形，完全不需要事先规定一个放置拼板的次序。明显的合作行为是由黑板上的拼接图形协调的。

黑板模型的工作方式本质上是并行的，在计算机上进行则由监督程序控制各人走向黑板的次序。在HEARSAY－Ⅱ中，黑板作为全局工作区主要有两个用途：描述问题求解中间状态；在各个知识源间传递信息。整个黑板分为六个信息层：参数、片断、音节、词汇、词汇序列及短语。每一信息层都有一组描述该层记录信息的黑板元素。这些信息构成了问题求解过程的基本构件，它们的一个组合就是问题求解的一个策略。

3. 黑板模型的优越性

HEARSAY－Ⅱ系统体现了黑板模型的以下优点：

（1）将多种知识源组合在一起，实现问题求解；

（2）黑板结构适合于在多重抽象级上描述与处理问题；

（3）允许知识源共享黑板中各个层次的部分解，这对事先无法确定问题求解次序的复杂问题尤为有效；

（4）知识源相互独立并以数据驱动方式使用。独立的知识源有利于由不同的人独立地设计、测试与修改知识源，系统为它们提供统一的程序设计环境。数据驱动方式则避免了复杂的知识源之间的交互；

（5）解答是由各知识源独立地对黑板修改而逐步形成的，各种启发式方法都可以在问题求解中做出不同类型的贡献；

（6）机遇问题求解机制；

（7）适于进行并行处理，因为各知识源是在黑板的不同层次上相对独立地进行求解活动的，因此在调度程序的控制下，完成不同任务的知识源可在不同的计算资源上并行执行；

（8）有利于系统开发实验。为了试验不同问题求解方法及知识源构造的效果，只需插入或删除一些特定的知识源即可实现各种知识源构造。

四、专家系统开发工具

（一）骨架型开发工具（专家系统外壳）

骨架型开发工具是由一些成熟的专家系统演变而来的。在这类系统中，知识的表示、推理机构及解释机构都已经基本固定，只是抽去了领域知识，形成了一个专家系统的"骨架"，当要用外壳建立专家系统时，只要把相应领域的知识按外壳的要求装到系统中就可以了。

1. EMYCIN 系统

EMYCIN 系统是由著名的用于对细菌感染疾病进行诊断的 MYCIN 系统发展而来的。采用产生式规则表达知识，目标驱动的反向推理控制策略。（它所适应的对象是那些需要提供基本情况数据，并能提供解释和分析的咨询系统），特别适合于开发各种领域咨询、诊断型专家系统。

EMYCIN 系统具有 MYCIN 系统的全部功能：

（1）解释功能：系统可以向用户解释推理过程。

（2）知识编辑器：EMYCIN 系统提供了一个开发知识库的环境，使得开发者使用起来很方便。

（3）知识库管理和维护：EMYCIN 系统提供的开发知识库的环境，还可以在进行知识库编辑技术如实进行语法、抑制性、是否矛盾和包含等检查。

（4）跟踪和调试功能：EMYCIN 系统还提供了有价值的跟踪和调试功能，

试验过程的状况都可以记录并保存。

EMYCIN 系统已在医学、地质、农业领域得到应用。

2. KAS 系统

采用语义网络和产生式规则相结合的方法表达知识。适用于开发"解释型"的专家咨询系统，它是由 PROSPECTOR 系统演变来的。

KAS 系统提供了一些辅助工具，如知识编辑系统、推理解释系统、用户问答系统、语言分析器等可用于测试规则和语义网络。

KAS 系统具有功能很强的网络编辑程序和网络匹配程序。网络编辑程序可用于将用户输入的信息转化为相应的语义网络，并可用来检测语法错误及一致性等。网络匹配程序用于分析任意两个语义网络之间的关系，测试是否具有等价、包含、相交等关系，从而决定这两个语义网络是否匹配，同时它还可以用它检测知识库中的知识是否存在矛盾、冗余等。

3. Expert 系统

由 Casnet 系统抽去原有医学领域知识而形成，采用产生式表达知识，适合开发诊断和分析型专家系统。

Expert 系统的知识由三部分组成：假设、事实和决策规则。与 EMYCIN 系统和 PRO-SPECTOR 系统不同，在 Expert 系统中事实与假设是严格区分的。Expert 系统已被用于建造医疗、地质和其他一些领域的诊断专家系统。

骨架系统的优点：上面讨论了三种骨架系统，因其知识表示、推理、解释部分已基本固定，只需要用户将具体领域的知识明确地表示成为一些规则就可以，而不需要将精力都花费在开发系统的过程结构上，从而大大提高了专家系统的开发效率。

这类工具的交互性一般比较好，用户可以方便地与之对话，并能提供很强的对结果进行解释的功能。

存在的问题：因其程序的主要骨架是固定的，除了规则外，用户不可改变任何东西，所以存在如下几个问题。

(1) 原有的骨架可能不完全适合于所求解的问题。

(2) 推理机中的控制结构可能不符合专家新的求解问题方法。

(3) 原有的规则语言，可能不能完全表示所求解领域的知识。

(4) 求解问题的专门领域知识可能不可识别地隐藏在原有的系统中。

因此，这类工具的适应面比较窄，只能用来解决与原系统相类似的问题。

(二) 知识获取辅助工具

知识的获取是专家系统设计和开发中的难题，研制和采用自动化或半自动化的知识获取辅助工具，提高建造知识库的速度，对于专家系统的开发具有重；大意义。

典型的知识获取工具如 TEIRESIES 系统，能帮助知识工程师把一个领域专家的知识植入知识库，它具有如下功能。

①知识获取：系统要能理解专家以特定的非口语化的自然语言表达的领域知识。可采用多媒体技术，如语言理解录音系统等。

②知识库调试：它可以辅助专家发现知识库的缺陷，提出修改知识库的建议，用户不必了解知识库的细节就可方便地调试知识库。

③推理指导：对系统推理的过程进行指导。

④系统维护：它可以辅助专家查找程序诊断错误的原因，并在专家指导下进行修改或学习知识。

⑤运行监控：对专家系统的运行状态和诊断过程进行监控。

这里值得强调指出的是，知识的获取要多应用多媒体技术来得到，这样比传统的方式要轻松得多。

（三）模块组合式开发工具

模块组合式开发工具是一种设计辅助工具，可以帮助知识工程师设计和构造专家系统。

AGE 是一种典型的模块组合式开发工具，给用户提供了一整套像积木那样的组件，利用它能够"装配"成专家系统，它包括四个子系统。

①设计子系统：在系统设计方面指导用户使用组合规则的预组合模型。

②编辑子系统：辅助用户选用预制构件模块装入领域知识和控制信息，建造知识库。

③解释子系统：执行用户的程序，进行知识推理求解问题，并提供查错手段，建造推理机。

④跟踪子系统：为用户开发的专家系统的运行进行全面的跟踪和测试。

（四）用于开发专家系统的程序设计语言

用于开发专家系统的程序设计语言有两大类：一类是面向处理数值问题的语言，如 FORTRAN、PASCAL、C 等，这类语言是为某些特定类型的问题设计的，主要用于数值处理，因此最适合于科学、数学和统计问题领域；另一类为符号处理语言，这是专门为人工智能应用而设计的，所以称为面向 AI 的语言。目前，适用于知识的表示与推理的程序设计语言主要有以下几种。

①LISP：适用于表格表示知识。MYCIN 系统和 PROSPECTOR 系统都是用这种语言开发的。

②Prolog：适用于谓词逻辑表示知识。Prolog 语言是基于演绎推理的一种逻辑型程序设计语言。可以根据问题有将有关的知识进行演绎推理，通过合

一、置换、归结、回溯等逻辑演算，寻求适当的策略进行问题求解。

③C++、Pascal：适用于状态空间表示知识。

④RLL：是一种通用的知识表达工具，它提供了一套高级智能算子和符号结构，可以根据用户指定的目标语言和特征指标，生成具有所需功能的新的表达语言。其优点是比较灵活，建造者可根据领域问题的特点设计所需的知识表示及推理模型，程序设计的质量较高，针对性强。缺点是开发的工作量大，开发周期长，对不同的系统要做重复性工作，从而增加了系统的开发成本。

⑤通用型语言OPS5：美国卡内基—梅隆大学开发的一种通用知识表达语言，它的特点是将通用的表达式和控制结合起来，提供了专家系统所需的基本机制，不偏向于某些特定的问题求解策略或知识表达结构。OPS5允许程序设计者使用符号表示并表达符号之间的关系，但并不事先定义符号与关系之间的含义。

五、专家系统评价及新发展

（一）专家系统评价

1. 评价方法

评价一个专家系统，就类似评价一个人的水平高低一样，是一个很难的问题，不同的评价者所得到的评价结果不同。到目前为止还没有一个令人信服的评价标准。不过，以下两种方法是在评价专家系统时常用的方法。

（1）"逸事"评价法

这种方法是利用一些简单的、具有启发性的或能说明问题的一些典型例子来对系统的性能进行说明，向人们证明系统在这些典型例子所具有的条件下工作性能良好。这有点类似人们在日常生活中对某人水平进行评价时，经常使用的那种方法，例如，如果想知道张三的医术高低，但又无法进行准确的评价，只能通过他曾经给李四医好了胃病、给王五医好了肝病来说明张三的医术还是很高的。这种方法只是通过一些典型例子说明了系统工作良好，对于这些例子以外的其他情况，系统能否很好的工作并不知道。

（2）实验的方法

该方法要求利用实验来评价专家系统在处理存储于数据库中的各种问题实例时，所表现出的性能。在使用这种方法对系统进行评价时，必须制定一种严格的试验过程，以便把专家系统产生的解释与相应实例的实际解释进行比较。这种方法看起来似乎比逸事方法优越，但在系统实现上难度较大，在获取数据库中哪些有代表性的实例时，也常常会遇到困难。例如，在医学领域，对一些常见病，要收集比较多的实例还是容易的，但对那些非常见的疾病，要收集足够多的、有代表性的实例就比较困难,当然也就无法将专家系统的试验结果与实际的诊断结果进行比较。

2. 评价内容

对专家系统的评价可以从专家系统的设计目标、结构、性能、实用性等方面来进行,其内容主要包括以下几项。

(1) 知识库中知识是否完备。包括知识库中的知识是否完善、正确?即知识库中是否具有求解领域问题的全部正确知识?知识库中知识的一致性和完整性是否满足要求?

(2) 知识的表示方法与组织方法是否适当。包括知识的表达方式是否合适?组织方式是否合理?知识的表达方式要有利于提高搜索和推理的效率,并能准确合理地表示那些具有不确定性的知识;知识的组织方式也要有利于搜索和推理的效率,并有利于对知识的维护与管理。

(3) 系统的推理是否正确。衡量系统推理结果的标准是准确率和符合率,所谓准确率就是推出的结论与客观实际的符合程度,而符合率则是推出的结论与专家所得结论的符合程度。这种评价主要通过判断系统在解决各种问题时能否给出正确答案,即结果的准确率和符合率来实现。

(4) 系统的解释功能是否完全与合理。这主要是看系统能否为用户就推理结果等情况提供令人信服的解释,它也是帮助系统进行调试的辅助工具。

(5) 用户界面如何。包括用户界面是否友好?使用是否方便?能否满足用户需求?

(6) 系统的效率如何。包括系统的解题效率是否达到所期望的高度?系统的响应速度能否满足用户要求?

(7) 系统的可维护性如何。包括系统是否便于检测?它的可扩展性和可移植性如何?

(8) 系统的效益如何。包括系统的经济效益和社会效益两个方面,有些系统虽然经济效益不怎么样,但有较大的社会效益或者对人工智能的研究发展具有推动作用,也是值得赞赏的。

(二) 专家系统新发展

随着人工智能技术的进一步发展和更多的新技术的产生,专家系统也随之不断进步,出现了各种类型的专家系统。

1. 深层知识专家系统

深层知识专家系统,不仅具有专家经验性表层知识,而且还具有深层次的专业知识,从而使系统的功能更接近于人类专家的水平。例如一个故障诊断专家系统,若该系统不仅有专家的经验知识,而且也有设备本身的原理性知识,则对于故障判断的准确性将会进一步提高。这里的关键是如何恰当地在知识的表示和运用方面将浅层知识与深层知识进行有机的结合。

2. 模糊专家系统

专家系统中由模糊性引起的不确定性问题（还有由随机性引起的不确定性及由于证据不全或不知道而引起的不确定性），可采用模糊技术来处理，这种不确定性的专家系统称为模糊专家系统。

模糊专家系统能在初始信息不完全或并不十分准确的情况下，较好地模拟人类专家解决问题的思路和方法，运用不太完善的知识体系，给出尽可能准确的解答或提示。模糊专家系统适用于处理模糊性不确定性问题，做适当改进后也可处理随机性不确定性问题。另外，也可以把精确数据模糊化来处理确定性问题。这种系统不仅能较好地表达和处理人类知识中固有的不确定性，进行自然语言处理，而且通过采用模糊规则和模糊推理方法来表示和处理领域知识，能有效地减少知识库中规则的数量，增加知识运用的灵活性和适应性。模糊专家系统在知识获取、表示和运用（推理）过程中全部或部分采用了模糊技术。

3. 神经网络专家系统

（1）问题

神经网络专家系统是一类新的知识表达体系。神经网络与以逻辑推理为基础的在宏观功能上模拟人类知识推理能力的专家系统不同。神经网络是以连接节点为基础，在微观结构上模拟人类大脑的形象思维。专家系统广泛应用的知识表示方法有产生式、谓词逻辑、框架等，虽然各自采用不同结构和组织形式描述知识，但都须将知识转换成计算机可以存储的形式存入知识库，以便推理需要时，再依照推理算法到知识库去搜索。

知识表示方式，当知识规则很多时会产生以下问题。

①以何种策略组织和管理知识库。

②在知识搜索的串行计算过程中会发生冲突，进而产生推理复杂、组合爆炸（无穷递归）等问题。

③传统专家系统的知识采集要求"显式"知识表示，而工程中往往很难实现。

（2）优点

神经网络专家系统不存在上述问题。它采用与传统人工智能不同的知识表示思想；知识不是一种显式表示，而是隐式表示；也不像产生式系统那样独立地表示每一条规则，而是将某一问题的若干知识在同一网络中表示。知识表示表现为内部和外部两种形式，面向专家。知识工程师和用户的外部形式是一些学习实例（也可看成 If—Then 规则），而由外部形式转换为面向知识库的内部编码是其关键。它不是根据一般代码转换成编译程序，而是通过机器学习来完成。机器学习程序可以从实例中提取有关知识，将其以网络或动力学系统形式表示。

神经网络专家系统的知识表示有以下优点。

①具有统一的内部知识表示形式，通过学习程序，就可获得网络相关参数，任何知识规则都可变换成数字形式，便于知识库组织和管理，通用性强。

②便于实现知识的自动获取。

③有利于实行并行联想推理和自适应推理。

④能表示事物的复杂关系，如模糊因果关系。

4. 大型协同分布式专家系统

这是一种多学科、多专家联合作业，协同解题的大型专家系统，其体系结构又是分布式的，可适应分布式网络环境。

具体来讲，分布式专家系统的构成可以把知识库分布在计算机网络上，或者把推理机制分布在网络上，或者两者兼而有之。此外，分布式专家系统还涉及问题分解、问题分布和合作推理等技术。

问题分解就是把所要处理的问题按某种原则分解为若干子问题。问题分布是把分解好的子问题分配给各专家系统去解决。合作推理是指分布在各节点的专家系统通过通信，进行协调工作，当发生意见分歧时，甚至还要辩论和折中。

需指出的是，随着分布式人工智能技术的发展，多 Agent 系统将是分布式专家系统的理想结构模型。

5. 网上专家系统

网上专家系统就是建在 Internet 上的专家系统，其结构可取浏览器/服务器模式，用浏览器（如 Web 的浏览器）作为人机接口，而知识库、推理机和解释模块等则安装在服务器上。

多媒体专家系统就是把多媒体技术引入人机界面，使其具有多媒体信息处理功能，并改善人机交互方式，进一步增强专家系统的拟人性效果。

将网络与多媒体相结合，是专家系统的一种理想应用模式，这样的网上多媒体效果将使专家系统的实用性大大提高。

6. 事务处理专家系统

事务处理专家系统是指融入专家模块的各种计算机应用系统，如财务处理系统、管理信息系统、决策支持系统、CAD 系统、CAI 系统等。这种思想和系统，打破了将专家系统孤立于主流的数据处理应用之外的局面，将两者有机地融合在一起。事实上，也应该如此，因为专家系统并不是什么神秘的东西，它只是一种高性能的计算机应用系统。这种系统也就是要把基于知识的推理，与通常的各种数据处理过程有机地结合在一起。当前迅速发展的面向对象方法，将会给这种系统的建造提供强有力的支持。

第三章 计算机网络安全

第一节 网络操作系统安全

一、常用的网络操作系统简介

（一）Windows NT

Windows NT（New Technology）是 Microsoft 公司推出的网络操作系统，Windows NT 4.0 的成功推出使 Microsoft 公司不仅仅在单机操作系统上独占鳌头，也使 Microsoft 公司成功地占领了网络操作系统市场，逐渐挤占了 Net Ware 操作系统的市场。现在 Net Ware 操作系统的市场已经大幅萎缩，只有个别领域仍在使用。

Windows NT 是一个图形化、多用户、多任务的网络操作系统，具有强大的网络管理功能。与后续的网络操作系统不同的是，Windows NT 具有服务器版本（Windows NT Server）和工作站版本（Windows NT Workstation）。服务器版本使用在服务器上，工作站版本使用在工作站（客户机）上。

（二）Windows 操作系统

Windows 操作系统是由微软公司开发并发布的一系列图形化操作系统。自 1985 年推出第一个版本以来，Windows 已经成为全球最广泛使用的操作系统之一，以其用户友好的图形界面、强大的兼容性和丰富的软件生态系统而闻名。

1. 功能特点

（1）图形用户界面：Windows 以其直观的图形用户界面（GUI）著称，使用户能够通过图标、窗口和菜单等视觉元素与计算机交互。

（2）多任务处理：支持多任务操作，允许用户同时运行多个应用程序。

（3）网络功能：提供强大的网络和互联网连接支持，包括内置的浏览器和电子邮件客户端。

（4）兼容性：支持广泛的硬件和软件，包括各种驱动程序和应用程序。

（5）安全性：随着每个新版本的发布，Windows 不断增强其安全特性，如 Windows Defender、防火墙和 BitLocker 加密。

（6）易用性：提供帮助和支持功能，以及用户可定制的设置，以适应不同用户的需求。

2. 应用领域

Windows 操作系统广泛应用于个人计算、企业环境、游戏、教育和科研等多个领域。它的多功能性和灵活性使其成为各种用途的理想选择。

（三）UNIX 和 Linux

1. UNIX 系统

UNIX 操作系统是由美国贝尔实验室在 20 世纪 60 年代末开发成功的网络操作系统，一般用于大型机和小型机，较少用于微机。与前述操作系统不同的是，由于各大厂商对 UNIX 系统的开发，UNIX 形成了多种版本，如 IBM 公司的 AIX 系统、HP 公司的 HP－UX 系统、SUN 公司的 Solaris 系统等。UNIX 系统在 70 年代用 C 语言进行了重新编写，提高了 UNIX 系统的可用性和可移植性，使之得到了广泛的应用。

UNIX 系统的主要特点如下。

（1）高可靠性。UNIX 系统主要用在大型机和小型机，这些主机一般都是作为大型企事业单位的服务器使用。而这些服务器一般都是全天候工作的，因此对它的可靠性要求是很高的。

（2）极强的伸缩性。UNIX 系统不仅仅应用于大型机和小型机，也同样适用于 PC 和笔记本电脑，且 UNIX 系统支持的 CPU 可以高达 32 个。

（3）强大的网络功能。在众多网络系统中使用的 TCP/IP 协议族是事实上的网络标准。TCPI IP 协议族就是在 UNIX 系统上开发出来的，因此 UNIX 系统具有强大的网络功能。

（4）开放性。UNIX 系统具有良好的开放性，所有技术说明具有公开性，不受任何公司和厂商的垄断，这使得任何公司都可以在其基础上进行开发，同时也促进了 UNIX 系统的发展。

2. Linux 系统

Linux 系统是类似于 UNIX 系统的自由软件，主要用于基于 Intelx86CPU 的计算机上。由于 Linux 系统具有 UNIX 系统的全部功能，而且是属于全免费的自由软件，用户不需要支付任何费用就可以得到它的源代码，且可以自由地进行修改和补充，因此得到了广大计算机爱好者的支持。经过广大计算机爱好者不断地修改和补充，Linux 系统逐渐成了功能强大、稳定可靠的操作系统。

Linux 系统的主要特点如下。

（1）完全免费。Linux 系统是全免费软件。用户不仅可以免费得到其源代码，而且可以任意修改，这是其他商业软件无法做到的。正是由于 Linux 系统的这一特征，吸引了广大的计算机爱好者对其进行不断地修改、完善和补充，使 Linux 系统得到了不断地发展。

（2）良好的操作界面。Linux 系统的操作既有字符界面也有图形界面。其图形界面类似于 Windows 系统界面，方便熟悉 Windows 系统的用户进行操作。

（3）强大的网络功能。由于 Linux 系统源于 UNIX 系统，而 UNIX 系统具有强大的网络功能，因此，Linux 系统也具有强大的网络功能。

Linux 系统也有明显的不足。Windows 操作系统强大易用，在市场上占有绝大部分的份额，使得大多数软件公司都开发了支持 Windows 系统的应用软件。相对而言，支持 Linux 系统的应用软件很少，使用起来不很方便。不过，随着 Linux 系统的发展，用于 Linux 系统的第三方软件逐渐增多，Linux 的前景是十分光明的。

二、操作系统安全与访问控制

（一）网络操作系统安全分析

网络操作系统的安全涉及几方面的问题，其一是操作系统本身的安全性；其二是网络操作系统所提供的网络服务的安全性；其三是如何配置操作系统使它的安全性能够得到保证。网络操作系统的安全性一般会涉及以下基本。

1. 主体和客体

（1）主体。主体是指行为动作的主要发动者或施行者，包括用户、主机、程序进程等。作为用户这类主体，为了保护系统的安全，必须保证每个用户的唯一性和可验证性。

（2）客体。客体是指被主体所调用的对象，如程序、数据等。在操作系统中，任何客体都是为主体服务的，而任何操作都是主体对客体进行的。在安全操作系统中必须要确认主体的安全性，同时也必须确认主体对客体操作的安全性。

2. 安全策略与安全模型

（1）安全策略。安全策略是指使计算机系统安全的实施规则。

（2）安全模型。安全模型是指使计算机系统安全的一些抽象的描述和安全框架。

3. 可信计算基

可信计算基（Trusted Computing Base，TCB）是指构成安全操作系统的一系列软件、硬件和信息安全管理人员的集合，只有这几方面的结合才能真正保证系统的安全。

4. 网络操作系统的安全机制

（1）硬件安全。硬件安全是网络操作系统安全的基础。

（2）安全标记。对于系统用户而言，系统必须有一个安全而唯一的标记。在用户进入系统时，这个安全标记不仅可以判断用户的合法性，而且还应该防止用户的身份被破译。

（3）访问控制。在合法用户进入系统后，安全操作系统还应该能够控制用户对程序或数据的访问，防止用户越权使用程序或数据。

（4）最小权力。操作系统配置的安全策略是使用户仅仅能够获得其工作需要的操作权限。

（5）安全审计。安全操作系统还应该做到对用户操作过程的记录、检查和审计。安全审计可以检查系统的安全性，并对事故进行记录以供网络信息安全员了解有关安全事件发生的时间、地点等信息，帮助网络信息安全员修补系统漏洞。

（二）网络访问控制

1. 访问控制的基本

访问控制（Access Control）是指定义和控制主体对客体的访问权限，具体可分为身份验证和授权访问。身份验证是指对访问用户进行的身份鉴别，以保证只有合法用户才能进行对系统的访问；授权访问是指对用户进入系统后所能访问的资源的控制，只有被授予了相应权限的用户才能对所授权访问的资源进行访问。

2. 访问控制的分类

访问控制一般可分为自主访问控制（Discretionary Access Control）和强制访问控制（Mandatory Access Control）两种类型。

自主访问控制是指用户有权对自己所创建的对象和信息进行访问权限控制。

（三）网络操作系统漏洞与补丁程序

由于网络操作系统是大型的软件系统，所包含的功能和服务众多，参与编写网络操作系统的软件开发人员人数众多、软件开发周期较长，因此虽然系统在作为商业软件推出前会做相应的测试和评估，但是由于各种原因的影响，所推出的操作系统仍然存在着一些性能上的不足和安全上的缺陷或漏洞。多数情况下正是由于网络操作系统漏洞的存在，才使得黑客有机可乘，入侵网络系统。

网络系统漏洞是指网络的硬件、软件、网络协议以及系统安全策略上的缺陷，黑客可以利用这些缺陷在没有获得系统许可的情况下访问系统或破坏系统。

1. 漏洞的类型

（1）从漏洞形成的原因区分，有程序逻辑结构漏洞、程序设计错误漏洞、协议漏洞和人为漏洞。

程序逻辑结构漏洞是程序员在编制程序时，由于程序逻辑结构设计不合理或错误所造成的漏洞，如 Windows 的中文输入法漏洞。

程序设计错误漏洞是程序员在编制程序时，由于技术上的错误或代码安全意识不强所造成的漏洞，如缓存区溢出漏洞。

协议漏洞是指 TCP/IP 协议族存在的安全缺陷。TCP/IP 协议族是计算机网络的通信协议，因 TCP/IP 协议族在最初设计上主要考虑的是协议的开放性和实用性，对于安全性的考虑较少，因而在 TCP/IP 协议族中存在着很多安全方面的漏洞，如 SYN 洪泛攻击。

人为漏洞是指由于人为原因使系统存在的安全漏洞，如系统管理员密码设置过于简单、使用了没有经过检查的外来程序等。

（2）从漏洞是否为人们所知区分，有已知漏洞、未知漏洞和 0day 漏洞。

已知漏洞是指已经被人们发现的程序错误，该程序错误可能会对系统造成威胁，并且在各种安全站点、黑客站点上广为公布。对于已知漏洞，一般系统开发商会有针对性地开发出相应的程序予以修补，黑客也会开发出相应的漏洞利用程序。对于用户而言，主要的漏洞攻击来源于已知漏洞，这是由于大多数用户没有及时进行系统的升级或修补；就技术难度而言，能够利用未知漏洞进行攻击的人是很少的。

未知漏洞是指在程序中存在但还没有被人们发现的漏洞。由于用户没有针对未知漏洞的安全配置，因此未知漏洞对系统的安全性威胁是很大的。未知漏洞转换成已知漏洞是漏洞被发现的必然过程，但未知漏洞可能首先被系统开发商或安全组织发现，也可能首先被黑客组织发现。

0day 漏洞是指未知漏洞已经变成了已知漏洞，但还没有被大多数人所知，只是掌握在少数人手里的漏洞。0day 漏洞如果是刚刚被系统开发商或安全组织发现，则不一定很快就有相应的解决方案；但 0day 漏洞如果先被黑客组织发现，则系统安全可能会受到巨大的威胁。

2. 补丁程序

补丁程序是指对于大型软件系统在使用过程中暴露的问题而发布的解决问题的小程序。就像衣服烂了就要打补丁一样，软件也需要。软件是软件编程人员所编写的，编写的程序不可能十全十美，所以也就免不了会出现 BUG，而补丁就是专门修复这些 BUG 的。补丁是由软件的原作者编制的，因此可以访问他们的网站下载补丁程序。

按照对象分类，补丁程序可分为系统补丁和软件补丁。系统补丁是针对操作系统的补丁，软件补丁是针对应用软件的补丁。

按照安装方式分类，补丁程序可分为自动更新的补丁和手动更新的补丁。对于自动更新的补丁，只需要在系统连接网络后，单击"开始"→"Windows Update"即可。对于需要手动更新的补丁，则需要先到软件提供商的网站上下载相应的补丁程序，再在本机上执行。

按照补丁的重要性分类，补丁程序可分为高危漏洞补丁、功能更新补丁和不推荐补丁。高危漏洞补丁是一定要安装的补丁；功能更新补丁是可以选择安装的补丁；不推荐补丁可能不成熟，在安装前需要认真考虑是否真的需要。

第二节　网络数据库安全

一、数据库安全理论

（一）数据库安全

1. 数据库安全的

数据库安全是指数据库的任何部分都不会受到侵害，或未经授权的存取和修改。数据库安全性问题一直是数据库管理员（DBA）所关心的问题。

数据库是按照数据结构组织、存储和管理数据的仓库。人们时刻都在和数据打交道，如存储在个人掌上电脑（PDA）中的数据、家庭预算的电子数据表等。对于少量、简单的数据，如果与其他数据之间的关联较少或没有关联，则可将它们简单地存放在文件中。普通记录文件没有系统结构来系统地反映数据间的复杂关系，也不能强制定义个别数据对象。但是企业数据都是相关联的，不可能使用普通的记录文件来管理大量的、复杂的系列数据，比如银行的客户数据、生产厂商的生产控制数据等。

数据库管理系统（DBMS）已经发展了多年。在关系型数据库中，数据项保存在行中，文件就像是一个表。关系被描述成不同数据表间的匹配关系。区别关系模型和网络及分级型数据库的重要一点,就是数据项关系可以被动态的描述或定义,而不需要因为结构改变而重新加载数据库。DBMS是专门负责数据库管理和维护的计算机软件系统,是数据库系统的核心。它不仅负责数据库的维护工作,还能保护数据库的安全性和完整性。

2. 数据库系统的缺陷和威胁

网络数据库一般采用客户机/服务器（C/S）模式。在CS结构中,客户机向服务器发出请求,服务器为客户机提供完成这个请求的服务。如当某用户查询信息时,客户机将用户的要求转换成一个或多个标准的信息查询请求,通过网络发给服务器,服务器接到客户机的查询请求后,完成相应操作,并将查出的结果通过网络回送给客户机。

（1）数据库的安全漏洞和缺陷

忽略数据库的安全。人们通常认为只要把网络和操作系统的安全搞好了,所有的应用程序也就安全了。现在的数据库系统会有很多方面因误用或漏洞影响到安全,而且常用的关系型数据库都是"端口型"的,这就表示任何人都能绕过操作系统的安全机制,利用分析工具试图连接到数据库上。

没有内置一些基本安全策略。由于常用数据库系统都是"端口型"的,操作系统核心安全机制不提供数据库的网络连接,比如SQL Server,可以使用Windows NT的安全机制来弥补上面的缺陷,但多数运行SQL Server的环境并不一定都是Windows NT环境。由于系统管理员账号不能改变,如果没有设置密码,入侵者就能直接登录并攻击数据库服务器,没有任何东西能够阻止他们获得具有更高权限的系统账号。

（2）对DBMS的威胁

对DBMS构成的威胁主要有篡改、损坏和窃取三种表现形式。

篡改是指对数据库中的数据未经授权进行修改,使其失去原来的真实性。篡改的形式具有多样性,在造成影响之前却很难发现它。产生这种威胁的原因主要有个人利益驱动、隐藏证据、恶作剧和无知等。

损坏是指对网络系统中数据的损坏。产生这种威胁的原因主要有破坏、恶作剧和病毒。破坏往往都带有明确的动机;恶作剧者往往是出于爱好或好奇而给数据造成损坏;计算机病毒不仅对系统文件进行破坏,也对数据文件进行破坏。

窃取一般是对敏感数据进行的。窃取的手法除了将数据复制到软盘之类的可移动介质上,也可以把数据打印后取走。

（二）数据库的安全保护

一个强大的数据库安全系统应当确保其中信息的安全性,并对其进行有效地管理控制。

1. 数据库的安全性

(1) 数据库安全性控制方法

数据库安全性控制是指尽可能地采取一些措施来杜绝任何形式的数据库非法访问。常用的安全措施有用户标识和鉴别、用户存取权限控制、定义视图、数据加密、安全审计以及事务管理和故障恢复等。

①用户标识和鉴别。用户标识和鉴别的方法是由系统提供一定的方式让用户标识自己的身份。系统内部记录着所有合法用户的标识，每次用户要求进入系统时，由系统进行核实，通过鉴别后才提供其使用权。一般利用只有用户知道的信息鉴别用户、只有用户具有的物品鉴别用户和用户的个人特征鉴别用户等方法鉴别用户身份。

②用户存取权限控制。用户存取权限是指不同的用户对于不同的数据对象有不同的操作权限。存取权限由数据对象和操作类型两个要素组成。定义一个用户的存取权限就是要定义这个用户可以在哪些数据对象上进行哪些类型的操作。存取权限有系统权限和对象权限两种。系统权限由 DBA 授予某些数据库用户，只有得到系统权限，才能成为数据库用户。对象权限是授予数据库用户对某些数据对象进行某些操作的权限，它既可由 DBA 授权，也可由数据对象的创建者授权。

③定义视图。为不同的用户定义不同的视图，可以限制用户的访问范围。通过视图机制把需要保密的数据对无权存取这些数据的用户隐藏起来，可以对数据库提供一定程度的安全保护。实际应用中常将视图机制与授权机制结合起来使用，先用视图机制屏蔽一部分保密数据，再在视图上进一步进行授权。

④数据加密。数据加密是保护数据在存储和传输过程中不被窃取或修改的有效手段。

⑤安全审计。安全审计是一种监视措施。对于某些高度敏感的保密数据，系统跟踪记录有关这些数据的访问活动，并将跟踪的结果记录在审计日志（auditlog）中，根据审计日志记录可对潜在的窃密企图进行事后分析和调查。

⑥事务管理和故障恢复。事务管理和故障恢复主要是对付系统内发生的自然因素故障，保证数据和事务的一致性和完整性。故障恢复的主要措施是进行日志记录和数据复制。在网络数据库系统中，分布式事务首先要分解为多个子事务到各个站点的数据库上去执行，各数据库服务器间还必须采取合理的算法进行分布式并发控制和提交，以保证事务的完整性。事务运行的每一步结果都记录在系统日志文件中，并且对重要数据进行复制，发生故障时根据日志文件利用数据副本准确地完成事务的恢复。

(2) 数据库的安全机制

多用户数据库系统（如 Oracle）提供的安全机制可做到如下方面。防止非授权的数据库存取。

防止非授权的模式对象的存取。控制磁盘使用。

控制系统资源使用。审计用户动作。

Oracle 服务器提供了一种任意存取控制，是一种基于特权限制信息存取的方法。用户要存取某一对象必须有相应的特权授予该用户，已授权的用户可任意地授权给其他用户。Oracle 采用任意存取控制来控制全部用户对命名对象的存取。用户对对象的存取受特权控制。

(3) 模式和用户机制

Oracle 使用多种不同的机制管理数据库安全性，其中有模式和用户两种机制。模式为模式对象的集合，模式对象如表、视图、过程和包等。每一个 Oracle 数据库有一组合法的用户。

当建立一个数据库用户时，对该用户建立一个相应的模式，模式名与用户名相同。一旦用户连接一个数据库，该用户就可存取相应模式中的全部对象，一个用户仅与同名的模式相联系，所以用户和模式是类似的。

2. 数据库安全性策略

(1) 系统安全性策略

按照数据库系统的大小和管理数据库用户所需的工作量，数据库安全性管理者可能只是拥有创建、修改或删除数据库用户的一个特殊用户，或是拥有这些权限的一组用户。只有那些值得信任的个人才应该有管理数据库用户的权限。

(2) 数据安全性策略

数据的安全性考虑应基于数据的重要性。如果数据不是很重要，那么数据的安全性策略可以放松一些。然而，如果数据很重要，那么应该有一套谨慎的安全性策略，用它来维护对数据对象访问的有效控制。

(3) 用户安全性策略

一般用户应具有密码和权限以管理安全性。如果用户通过数据库进行用户身份的确认，那么建议使用加密密码的方式与数据库进行连接；对于那些用户很多、应用程序和数据对象很丰富的数据库，应充分利用"角色"机制的方便性对权限进行有效管理。

(4) DBA 安全性策略

当数据库创建好以后，立即更改有管理权限的 SYS 用户和 SYSTEM 用户的密码，防止非法用户访问数据库。当作为 SYS 和 SYSTEM 用户连入数据库后,用户有强大的权限用各种方式对数据库进行改动。

(5) 应用程序开发者安全性策略

数据库应用程序开发者是唯一一类需要特殊权限完成自己工作的数据库用户。开发者需要诸如创建表、创建过程等系统权限。但为了限制开发者对数据库的操作,只应该把一些特定的系统权限授予开发者。应用程序开发者不允许创建新的模式对象。所有需要的表、索引过程等都由 DBA 创建,这可保证 DBA 能完全控制数据空间的使用和访问数据库信息的途径。但有时应用程序开发者也需这两种权限的混合。

3. 数据库的安全保护层次

数据库系统的安全除依赖自身内部的安全机制外,还与外部网络环境、应用环境、从业人员素质等因素有关。

(1) 网络系统层次安全

随着 Internet 的发展和普及,越来越多的公司将其核心业务向互联网转移,各种基于网络的数据库应用系统如雨后春笋般涌现出来,面向网络用户提供各种信息服务。可以说,网络系统是数据库应用的外部环境和基础,数据库系统要发挥其强大的作用离不开网络系统的支持,数据库系统的用户(如异地用户、分布式用户)也要通过网络才能访问数据库的数据。网络系统的安全是数据库安全的第一道屏障,外部入侵首先就是从入侵网络系统开始的。

(2) 操作系统层次安全

操作系统是大型数据库系统的运行平台,为数据库系统提供了一定程度的安全保护。目前操作系统平台大多为 Windows 2000/2003/XP 和 UNIX,安全级别通常为 C2 级。主要安全技术有访问控制、系统漏洞分析与防范、操作系统安全管理等。

(3) DBMS 层次安全

数据库系统的安全性很大程度上依赖于 DBMS。如果 DBMS 的安全性机制非常强大,则数据库系统的安全性能就好。目前市场上流行的是关系型 DBMS,其安全性功能较弱,这就导致数据库系统的安全性存在一定的威胁。

由于数据库系统在操作系统下都是以文件形式进行管理的,因此入侵者可以直接利用操作系统漏洞窃取数据库文件,或者直接利用操作系统工具非法伪造、篡改数据库文件内容。

4. 数据库的加密保护

大型 DBMS 的运行平台(如 Windows 和 UNIX)一般都具有用户注册、用户识别、任意存取控制(DAC)、审计等安全功能。虽然 DBMS 在操作系统的基础上增加了不少安全措施,但操作系统和 DBMS 对数据库文件本身仍然缺乏有效的保护措施。有经验的网上黑客也会绕过一些防范措施，直接利用操作系统工具窃取或篡改数据库文件内容。这种隐患被称为通向 DBMS 的"隐秘通道"，它所带来的危害一般数据库用户难以察觉。

在传统的数据库系统中，DBA 的权力至高无上，他既负责各项系统的管理工作，如资源分配、用户授权、系统审计等，又可以查询数据库中的一切信息。为此，不少系统以种种手段来削弱 DBA 的权力。

对数据库中存储的数据实现加密是一种保护数据库数据安全的有效方法。数据库的数据加密一般是在通用的 DBMS 之上，增加一些加密/解密控件，来完成对数据本身的控制。与一般通信中加密的情况不同，数据库的数据加密通常不是对数据文件加密，而是对记录的字段加密。当然，在数据备份到离线的介质上送到异地保存时，也有必要对整个数据文件加密。

实现数据库加密以后，各用户或用户组的数据由用户使用自己的密钥加密，DBA 对获得的信息无法随意进行解密，从而保证了用户信息的安全。另外，通过加密，数据库的备份内容成为密文，从而能减少因备份介质失窃或丢失而造成的损失。由此可见，数据库加密对企业内部的安全管理也是不可或缺的。

5. 数据库的审计

对于数据库系统，数据的使用、记录和审计是同时进行的。审计的主要任务是对应用程序或用户使用数据库资源的情况进行记录和审查，一旦出现问题，审计人员对审计事件记录进行分析，查出原因。因此，数据库审计可作为保证数据库安全的一种补救措施。数据库系统的审计过程是记录、检查和回顾系统安全相关行为的过程。通过对审计记录的分析，可以明确责任个体，追查违反安全策略的违规行为。审计过程不可省略，审计记录也不可更改或删除。

由于审计行为将影响 DBMS 的存取速度和反馈时间，因此，必须在安全性和系统性能之间综合考虑，需要提供配置审计事件的机制，以允许 DBA 根据具体系统的安全性和性能需求做出选择。这些可由多种方法实现，如扩充、打开/关闭审计的 SQL 语句，或使用审计掩码。

数据库审计有用户审计和系统审计两种方式。

用户审计。进行用户审计时，DBMS 的审计系统记录下所有对表和视图进行访问的企图，以及每次操作的用户名、时间、操作代码等信息。这些信息一般都被记录在数据字典中，利用这些信息可以进行审计分析。

系统审计。系统审计由系统管理员进行，其审计内容主要是系统一级命令及数据库客体的使用情况。

数据库系统的审计对象主要有设备安全审计、操作审计、应用审计和攻击审计。设备安全审计主要审查系统资源的安全策略、安全保护措施和故障恢复计划等；操作审计是对系统的各种操作进行记录和分析；应用审计是审计建立于数据库上整个应用系统的功能、控制逻辑和数据流是否正确；攻击审计是指对已发生的攻击性操作和危害系统安全的事件进行检查和审计。

二、数据库的数据安全

（一）数据库的数据特性

1. DBMS 特性

DBMS 是专门负责数据库管理和维护的计算机软件系统。它是数据库系统的核心，不仅负责数据库的维护工作，还能保护数据库的安全性和完整性。通过 DBMS，应用程序和用户可以取得所需的数据。然而，与文件系统不同，DBMS 定义了所管理的数据之间的结构和约束关系，且提供了一些基本的数据管理和安全功能。

（1）数据的安全性

在网络应用上，数据库必须是一个可以存储数据的安全地方。DBMS 能够提供有效的备份和恢复功能，来确保在故障和错误发生后，数据能够尽快地恢复并被应用所访问。对于一个企事业单位来说，把关键和重要的数据存放在数据库中，要求 DBMS 必须能够防止未授权的数据访问。

（2）数据的共享性

一个数据库中的数据不仅可以为同一企业或组织内部的各个部门所共享，也可为不同组织、不同地区甚至不同国家的多个应用和用户同时进行访问，而且还不能影响数据的安全性和完整性，这就是数据共享。数据共享是数据库系统的目的，也是它的一个重要特点。

（3）数据的结构化

基于文件的数据的主要优势就在于它利用了数据结构。数据库中的文件相互联系，并在整体上服从一定的结构形式。数据库具有复杂的结构，不仅是因为它拥有大量的数据，同时也因为在数据之间和文件之间存在着种种联系。数据库的结构使开发者避免了针对每一个应用都需要重新定义数据逻辑关系的过程。

（4）数据的独立性

数据的独立性就是数据与应用程序之间不存在相互依赖关系，即数据的逻辑结构、存储结构和存取方法等不因应用程序的修改而改变，反之亦然。从某种意义上讲，一个 DBMS 存在的理由就是为了在数据组织和用户应用之间提供某种程度的独立性。数据库系统的数据独立性可分为物理独立性和逻辑独立性两方面。

物理独立性。数据库物理结构的变化不影响数据库的应用结构，从而也就不影响其相应的应用程序。这里的物理结构是指数据库的物理位置、物理设备等。

逻辑独立性。数据库逻辑结构的变化不影响用户的应用程序，数据类型的修改或增加、改变各表之间的联系等都不会导致应用程序的修改。

2. 数据的完整性

数据完整性的目的就是保证网络数据库系统中的数据处于一种完整或未被损坏的状态。数据完整性意味着数据不会由于有意或无意的事件而被改变或丢失。

（1）影响数据完整性的因素

通常，影响数据完整性的主要因素有硬件故障、软件故障、网络故障、人为威胁和意外灾难等。

①硬件故障

常见的影响数据完整性的主要硬件故障有硬盘故障、I/O控制器故障、电源故障和存储器故障等。任何高性能的机器都不可能长久地运行下去。

计算机系统运行过程中最常见的问题是硬盘故障。硬盘是一种很重要的设备，用户的文件系统、数据和软件等都存放在硬盘上。虽然每个硬盘都有一个平均无故障时间，但它并不意味着硬盘不会出问题。在每次硬盘出现问题时，用户最着急的并非硬盘本身的价值，而是硬盘上存放的数据。

I/O控制器也可引起用户的数据丢失。因为I/O控制器有可能在某次读写过程中将硬盘上的数据删除或覆盖。这样的事情其实比硬盘故障更严重，因为硬盘出现故障时还有可能通过修复措施挽救硬盘上的数据，但如果数据完全被删除了，就没有办法恢复了。虽然I/O控制器故障发生概率很小，但它毕竟存在。

电源故障也是数据丢失的一种原因。由于电源故障可能来自外面电源停电或内部供电出现问题等原因，所以系统掉电是不可预计的。系统突然断电时，存储器中的数据将会丢失。

②软件故障

软件故障也是威胁数据完整性的一个重要因素。常见的软件故障有软件错误、文件损坏、数据交换错误、容量错误和操作系统错误等。

软件具有安全漏洞是个常见的问题。有的软件出错时，会对用户数据造成损坏。最可怕的事件是以超级用户权限运行的程序发生错误时，它可以把整个硬盘从根目录开始删除。

在应用程序之间，交换数据是常有的事。当文件转换过程中生成的新文件不具有正确的格式时，数据的完整性将受到威胁。

软件运行不正常的另一个原因在于资源容量达到极限。如果磁盘根目录被占满，将使操作系统运行不正常，引起应用程序出错，导致数据丢失。

操作系统存在漏洞，这是众所周知的。此外，系统的应用程序接口（API）被开发商用来为最终用户提供服务，如果这些API工作不正常，就会使数据被破坏。

③网络故障

网络故障通常由网卡和驱动程序问题、网络连接问题等引起。

网卡和驱动程序实际上是不可分割的，多数情况下，网卡和驱动程序故障并不损坏数据，只造成使用者无法访问数据。但当网络服务器网卡发生故障时，服务器通常会停止运行，这就很难保证被打开的那些数据文件不被损坏。

数据传输过程中，往往由于互联设备（如路由器、网桥）的缓冲区容量不够大而引起数据传输阻塞现象，从而导致数据包丢失。相反，互联设备也可能有较大的缓冲区，但由于调动这么大的信息流量造成的时延有可能会导致会话超时。此外，网络布线上的不正确，也会影响到数据的完整性。

④人为威胁

人为活动对数据完整性造成的影响是多方面的。人为威胁使数据丢失或改变是由于操作数据的用户本身造成的。分布式系统中最薄弱的环节就是操作人员。人类易犯错误的天性是许多难以解释的错误发生的原因，如意外事故、缺乏经验、工作压力、蓄意的报复破坏和窃取等。

⑤灾难性事件

通常所说的灾难性事件有火灾、水灾、风暴、工业事故、蓄意破坏和恐怖袭击等。

灾难性事件对数据完整性有相当大的威胁。灾难性事件对数据完整性之所以能造成严重的威胁，原因是灾难本身难以预料，特别是那些工业事件和恐怖袭击。另外，灾难所破坏的是包含数据在内的物理载体本身，所以，灾难基本上会将所有的数据毁灭。

(2) 数据完整性策略

最常用的保证数据库数据完整性的策略是容错技术。恢复数据完整性和防止数据丢失的容错技术有：备份和镜像、归档和分级存储管理、转储、奇偶检验和突发事件的恢复计划等。

容错的基本思想是在正常系统的基础上，利用附加资源（软硬件冗余）来达到降低故障的影响或消除故障的目的，从而可自动地恢复系统或达到安全停机的目的。也就是说，容错是以牺牲软硬件成本为代价达到保证系统的可靠性的，如双机热备份系统。

3. 数据的并发控制

（1）数据的一致性和并发控制

数据库是一种共享资源库，可为多个应用程序所共享。在许多情况下，由于应用程序涉及的数据量可能很大，常常会涉及输入/输出的交换。为了有效地利用数据库资源，可能有多个程序或一个程序的多个进程并行运行，这就是数据库的并发操作。

在多用户数据库环境中，多个用户程序可并行地存取数据库。并发控制是指在多用户环境下，对数据库的并行操作进行规范的机制，其目的是避免对数据的修改、无效数据的读出与不可重复读数据等，从而保证数据的正确性与一致性。并发控制在多用户模式下是十分重要的，但这一点经常被一些数据库应用人员忽视，而且因为并发控制的层次和类型非常丰富和复杂，有时使人在选择时比较迷惑，不清楚衡量并发控制的原则和途径。

一致性的数据库就是指并发数据处理响应过程已完成的数据库。例如：一个会计数据库，当它的记入借方与相应的贷方记录相匹配的情况下，它就是数据一致的。

一个实时的数据库就是指所有的事务全部执行完毕后才响应。如果一个正在运行数据库服务器的系统出现了故障而不能继续进行数据处理，原来事务的处理结果还存在缓存中而没有写入到磁盘文件中，当系统重新启动时，系统数据就是非实时性的。

（2）隔离和封锁措施

当今流行的关系型数据库系统（如 Oracle，SQL Server 等）是通过事务隔离与封锁机制来定义并发控制所要达到的目标的。根据其提供的协议，可以得到几乎任何类型的合理的并发控制方式。

并发控制数据库中的数据资源必须具有共享属性。为了充分利用数据库资源，应允许多个用户并行操作数据库。数据库必须能对这种并行操作进行控制，以保证数据在不同的用户使用时的一致性。在多用户数据库中一般采用某些数据封锁措施来解决并发操作中的数据一致性和完整性问题。封锁是防止存取同一资源的用户之间出现破坏性干扰的机制，该干扰是指不正确地修改数据或更改数据结构。

Oracle 能自动地使用不同封锁类型来控制数据的并行存取，防止用户之间的破坏性干扰。

Oracle 为一个事务自动地封锁某一资源，以防止其他事务对同一资源的排他性封锁，在某种事件出现或事务不再需要该资源时自动释放。

并发控制的实现途径有多种，如果 DBMS 支持，最好是运用其自身的并发控制能力。如果系统不能提供这样的功能，可以借助开发工具的支持，还可以考虑调整数据库应用程序，另外有的时候可以通过调整工作模式来避开这种会影响效率的并发操作。

（二）数据备份与恢复

在日常工作中，人为操作错误、系统软件或应用软件缺陷、硬件损毁、电脑病毒、黑客攻击、突然断电、意外宕机、自然灾害等诸多因素都有可能造成计算机中数据的丢失。数据的丢失极有可能演变成一场灭顶之灾。因此，数据备份与恢复功能就显得格外重要。

1. 数据备份

（1）数据备份的

数据备份是指为防止系统出现操作失误或系统故障导致数据丢失，而将全系统或部分数据集合从应用主机的硬盘或阵列中复制到其他存储介质上的过程。网络系统中的数据备份，通常是指将存储在计算机系统中的数据复制到磁带、磁盘、光盘等存储介质上，在网络以外的地方另行保管。这样，当网络系统设备发生故障或发生其他威胁数据安全的灾害时，能及时地从备份的介质上恢复正确数据。

数据备份的目的就是为了使系统崩溃时能够快速地恢复数据，使系统迅速恢复运行。那么就必须保证备份数据和源数据的一致性和完整性，消除系统使用者的后顾之忧。如果没有了数据，一切的恢复都是不可能实现的，因此备份是一切灾难恢复的基石，任何灾难恢复系统实际上都是建立在备份基础上的。

（2）数据备份的类型

按数据备份时的数据库状态的不同可分为冷备份、热备份和逻辑备份。

①冷备份（Cold Backup）

冷备份是指在关闭数据库的状态下进行的数据库完全备份。备份内容包括所有的数据文件、控制文件、联机日志文件、ini 文件等。但是，在进行冷备份时数据库不能被访问。

②热备份（Hot Backup）

热备份是指在数据库处于运行状态时，对数据文件和控制文件进行的备份。使用热备份必须将数据库运行在归档方式下，因此，在进行热备份的同时可以进行正常的数据库操作。

③逻辑备份

逻辑备份是最简单的备份方法，可对数据库中某个表、某个用户或整个数据库进行导出。

使用这种方法，数据库必须处于打开状态，而且如果数据库不是在 restrict 状态将不能保证导出数据的一致性。

(3) 数据备份策略

需要进行数据备份的部门都要先制定数据备份策略。数据备份策略包括确定需备份的数据内容（如进行完全备份、增量备份、差别备份，还是按需备份）、备份类型（如采用冷备份还是热备份）、备份周期（如以月、周、日，还是小时为备份周期）、备份方式（如采用手工备份还是自动备份）、备份介质（如以光盘、硬盘、磁带，还是优盘做备份介质）和备份介质的存放等。下面是按需进行数据备份的几种方式。

①完全备份（Full Backup）

所谓完全备份，就是按备份周期（如一天）对整个系统中所有的文件（数据）进行备份。这种备份方式比较流行，也是克服系统数据不安全的最简单方法，操作起来也很方便。有了完全备份，网络管理员便可恢复从备份之日起网络系统的所有信息，恢复操作也可一次性完成。如当发现数据丢失时，只要用故障发生前一天备份的磁带即可恢复丢失的数据。但这种方式的不足之处是由于每天都对系统进行完全备份，在备份数据中必定有大量的内容是重复的，这些重复的数据占用了大量的磁带空间，这对用户来说就意味着增加成本。另外，由于进行完全备份时需要备份的数据量大，因此备份所需时间较长。对于那些业务繁忙，备份窗口时间有限的单位来说，选择这种备份策略是不合适的。

②增量备份（Incremental Backup）

所谓增量备份，就是指每次备份的数据只是上一次备份后增加和修改过的内容，即备份的都是已更新过的数据。比如，系统在星期日做了一次完全备份，然后在以后的六天里每天只对当天新的或被修改过的数据进行备份。这种备份的优点很明显：没有或减少了重复的备份数据，既节省存储介质空间，又缩短了备份时间。但它的缺点是恢复数据过程比较麻烦，不可能一次性完成整体的恢复。

③差别备份（Differential Backup）

差别备份也是在完全备份后对新增加或修改过的数据进行的备份，但它与增量备份的区别是每次备份都把上次完全备份后更新过的数据进行备份。比如，星期日进行完全备份后，其余六天中的每一天都将当天所有与星期日完全备份时不同的数据进行备份。差别备份可节省备份时间和存储介质空间，只需两盘磁带（星期日备份磁带和故障发生前一天的备份磁带）即可恢复数据。差别备份兼具了完全备份的数据丢失时恢复数据较方便和增量备份的节省存储介质空间及备份时间的优点。

④按需备份

除以上备份方式外，还可采用随时对所需数据进行备份的方式进行数据备份。所谓按需备份，就是指除正常备份外，额外进行的备份操作。额外备份可以有许多理由，比如，只想备份很少几个文件或目录，备份服务器上所有的必需信息，以便进行更安全的升级等。这样的备份在实际中经常遇到，它可弥补冗余管理或长期转储的日常备份的不足。

2. 数据恢复

数据恢复是指将备份到存储介质上的数据恢复到网络系统中的操作，它与数据备份是一个相反的过程。数据恢复措施在整个数据安全保护中占有相当重要的地位，因为它关系到系统在经历灾难后能否迅速恢复运行。通常，在遇到下列情况时应使用数据恢复功能进行数据恢复。

（1）恢复数据时的注意事项

进行数据恢复时，应先将硬盘数据备份。

进行恢复操作时，应明确恢复何年何月的数据。当开始恢复数据时，系统首先识别备份介质上标识的备份日期是否与用户选择的日期相同，如果不同将提醒用户更换备份介质。

应指定少数人进行此项操作。

不要在恢复过程中关机、关电源或重新启动机器。

不要在恢复过程中打开驱动器开关或抽出备份盘，除非系统提示换盘。

（2）数据恢复的种类

一般来说，数据恢复操作比数据备份操作更容易出问题。数据备份只是将信息从磁盘上复制出来，而数据恢复则要在目标系统上创建文件。在创建文件时会出现许多差错，如超过容量限制、权限问题和文件覆盖错误等。数据备份操作不需知道太多的系统信息，只需复制指定信息即可；而数据恢复操作则需要知道哪些文件需要恢复，哪些文件不需要恢复等等。

数据恢复操作通常可分为三类，全盘恢复、个别文件恢复和重定向恢复。

①全盘恢复

全盘恢复是将备份到介质上的指定系统信息全部转储到它们原来的地方。全盘恢复一般应用在服务器发生意外灾难时导致数据全部丢失、系统崩溃或是有计划的系统升级、系统重组等。

②个别文件恢复

个别文件恢复就是将个别已备份的最新版文件恢复到原来的地方。对大多数备份来说，这是一种相对简单的操作。个别文件恢复要比全盘恢复常用得多。利用网络备份系统的恢复功能，很容易恢复受损的个别文件（数据）。只要浏览备份数据库或目录，找到该文件（数据），启动恢复功能，系统将自动驱动存储设备，加载相应的存储媒体，恢复指定文件（数据）。

③重定向恢复

重定向恢复是将备份的文件（数据）恢复到另一个不同的位置或系统上，而不是做备份操作时它们所在的位置。重定向恢复可以是整个系统恢复，也可以是个别文件恢复。重定向恢复时需要慎重考虑，要确保系统或文件恢复后的可用性。

第三节　网络软件安全

一、网络协议的安全性

（一）TCP/IP 的安全性

TCP/IP 是著名的异构网络互连的通信协议族，通过它可实现各种异构网络或异种机之间的互连通信。

1. TCP/IP 协议族

基于 TCP/IP 协议族的网络体系结构比 OSI 参考模型结构更简单。TCP/IP 可分为 4 层，分别是网络接口层、网络层（IP 层）、传输层（TCP 层）和应用层。

网络接口层负责接收 IP 数据报，并把这些数据报发送到指定网络中。它与 OSI 模型中的数据链路层和物理层相对应。

网络层要解决主机到主机的通信问题，该层的主要协议有 IP 和 ICMP。IP 是 Internet 中的基础协议，它提供了不可靠的、尽最大努力的、无连接的数据报传递服务。ICMP 是一种面向连接的协议，用于传输错误报告控制信息。由于 IP 提供了无连接的数据报传送服务，在传送过程中若发生差错或意外情况则无法处理数据报，这就需要 ICMP 向源节点报告差错情况，以便源节点对此做出相应的处理。

传输层的基本任务是提供应用程序之间的通信，这种通信通常叫作端到端通信。传输层可提供端到端之间的可靠传送，确保数据到达无差错，不乱序。传输层的主要协议有 TCP 和 UDP。TCP 是在 IP 提供的服务基础上，支持面向连接的、可靠的传输服务。UDP 是直接利用 IP 进行 UDP 数据报的传输，因此 UDP 提供的是无连接、不保证数据完整到达目的地的传输服务。由于 UDP 不使用很烦琐的流控制或错误恢复机制，只充当数据报的发送者和接收者，因此，UDP 比 TCP 简单得多。

2. TCP/IP 安全性分析

TCP/IP 协议族本身也存在着一些不安全因素，它们是黑客实施网络攻击的重点目标。

（1）TCP

TCP 使用三次握手机制建立一条连接。攻击者可利用这三次握手过程建立有利于自己的连接（破坏原连接），若他们再趁机插入有害数据包，则后果更严重。

TCP 把通过连接传输的数据看成是字节流，用一个 32 位整数对传送的字节编号。初始序列号（ISN）在 TCP 握手时产生，产生机制与协议实现有关。攻击者只要向目标主机发送一个连接请求，即可获得上次连接的 ISN，再通过多次测量来回传输路径，得到进攻主机到目标主机之间数据包传送的来回时间（RTT）。已知上次连接的 ISN 和 RTT，很容易就能预测出下一次连接的 ISN。若攻击者假冒信任主机向目标主机发出 TCP 连接，并预测到目标主机的 TCP 序列号，攻击者就能伪造有害数据包，使之被目标主机接收。

（2）IP 和 ICMP

IP 提供无连接的数据包传输机制，其主要功能有寻址、路由选择、分段和组装。传输层把报文分成若干个数据包，每个包在网关中进行路由选择，穿越一个个物理网络从源主机到达目标主机。在传输过程中每个数据包可能被分成若干小段，以满足物理网络中最大传输单元长度的要求，每一小段都当作一个独立的数据包被传输，其中只有第一个数据包含有 TCP 层的端口信息。在包过滤防火墙中根据数据包的端口号检查是否合法，这样后续数据包就可以不经检查而直接通过。攻击者若发送一系列有意设置的数据包，来覆盖前面的具有合法端口号的数据包，那么该路由器防火墙上的过滤规则就会被旁路，攻击者便达到了进攻目的。

IP 的改进：IPv6 设计的两种安全机制被加进了 IPv4，其中一种称为 AH（Authentication Header）机制，提供验证和完整性服务，但不提供保密服务；另一种称为 ESP（Encapsulation Security Payload）机制，提供完整性服务、验证服务以及保密服务。

ICMP 是在网络层与 IP 一起使用的协议。如果一个网关不为 IP 分组选择路由、不能递交 IP 分组或测试到某种不正常状态，如网络拥挤影响 IP 分组的传递，那么就需要 ICMP 来通知源端主机采取措施，避免或纠正这些问题。

ICMP 被认为是 IP 不可缺少的组成部分，是 IP 正常工作的辅助协议。

ICMP 存在的安全问题有：攻击者可利用 ICMP 重定向报文破坏路由，并以此增强其窃听能力；攻击者可利用不可达报文对某用户节点发起拒绝服务攻击。

3. TCP/IP 层次安全

TCP/IP 的不同层次提供不同的安全性。例如，在网络层提供虚拟专用网络（VPN），在传输层提供安全套接层（SSL）服务等。

（1）网络接口层安全

网络接口层与 OSI 模型中的数据链路层和物理层相对应。物理层安全主要是保护物理线路的安全，如保护物理线路不被损坏，防止线路的搭线窃听，减少或避免对物理线路的干扰等。数据链路层安全主要是保证链路上传输的信息不出现差错，保护数据传输通路畅通，保护链路数据帧不被截收等。

网络接口层安全一般可以达到点对点间较强的身份验证、保密性和连续的信道认证，在大多数情况下也可以保证数据流的安全。有些安全服务可以提供数据的完整性或至少具有防止欺骗的能力。

（2）网络层安全

网络层安全主要是基于以下几点考虑。

控制不同的访问者对网络和设备的访问。划分并隔离不同安全域。

防止内部访问者对无权访问区域的访问和误操作。

IP 分组是一种面向协议的无连接的数据包，因此，要对其进行安全保护。IP 包是可共享的，用户间的数据在子网中要经过很多节点进行传输。从安全角度讲，网络组件对下一个邻近节点并不了解。因为每个数据包可能来自网络中的任何地方，因此如认证、访问控制等安全服务必须在每个包的基础上执行。又由于 IP 包的长度不同，可能要考虑每个数据包以获得与安全相关的信息。

国际上有关组织已经提出了一些对网络层安全协议进行标准化的方案，如安全协议 3 号（SP3）就是美国国家安全局以及标准技术协会作为安全数据网络系统（SDNS）的一部分而制定的。网络层安全协议（NLSP）是由 ISO 为无连接网络协议（CLNP）制定的安全协议标准。事实上，这些安全协议都使用 IP 封装技术。IP 封装技术将纯文本的数据包加密，封装在外层 IP 报头里，当这些包到达接收端时，外层的 IP 报头被拆开，报文被解密，然后交付给接收端用户。网络层安全协议可用来在 Internet 上建立安全的 IP 通道和 VPN。其本质是：纯文本数据包被加密，封装在外层的 IP 报头里，对加密包进行 Internet 上的路由选择；到达接收端时，外层的 IP 报头被拆开，报文被解密，然后送到收报地点。

(3) 传输层安全

由于 TCP/IP 协议族本身很简单，没有加密、身份验证等安全特性，因此必须在传输层建立安全通信机制，为应用层提供安全保护。传输层网关在两个节点之间代为传递 TCP 连接并进行控制。常见的传输层安全技术有 SSL、SOCKS 和 PCT 等。

在 Internet 中提供安全服务的一个想法就是强化它的 IPC 界面。具体做法包括双端实体的认证、数据加密密钥的交换等。Netscape 公司遵循这一思路，制定了建立在可靠的传输服务基础上的安全套接层（SSL）协议。

与网络层安全机制相比，传输层安全机制的主要优点是提供基于进程的安全服务。这一基础如果再加上应用级的安全服务，就可以向前跨越一大步。原则上，任何 TCP/IP 应用，只要应用传输层安全协议，就必定要进行若干修改以增加相应的功能，并使用不同的 IPC 界面。传输层安全机制就是要对传输层 IPC 界面和应用程序两端都进行修改。另外，基于 UDP 的通信很难在传输层建立起安全机制。网络层安全机制的透明性使安全服务的提供不要求应用层做任何改变，这对传输层来说是做不到的。

(4) 应用层安全

网络层/传输层的安全协议允许为主机/进程之间的数据通道增加安全属性。本质上，这意味着真正的数据通道还是建立在主机或进程之间，但却不能区分在同一通道上传输的一个具体文件的安全性要求。比如，如果一个主机与另一个主机之间建立一条安全的 IP 通道，那么所有在这条通道上传输的 IP 包都自动地被加密。同样，如果一个进程和另一个进程之间通过传输层安全协议建立一条安全的数据通道，那么两个进程间传输的所有消息就都要自动地被加密。

如果确实要区分一个具体文件的不同安全性要求，那就必须借助于应用层的安全性。提供应用层的安全服务实际上是处理单个文件安全性的手段。例如，一个电子邮件系统可能需要对要发出信件的个别段落实施数据签名。较低层协议提供的安全功能一般不知道任何要发出的信件的段落结构，从而不可能知道该对哪一部分进行签名。应用层是唯一能够提供这种安全服务的层次。

(二) 软件安全策略

在企业网络管理中，可利用域控制器实现对某些软件的使用限制。当用户利用域账户登录到本机电脑时，系统会根据这个域账户的访问权限，判断其是否有某个应用软件的使用权限。当确定其没有相关权限时，操作系统就会拒绝用户访问该应用软件，从而管理企业员工的操作行为。这就是域环境中的软件限制策略。

1. 软件限制策略原则

（1）应用软件与数据文件的独立原则

在使用软件限制策略时，应坚持"应用软件与数据文件独立"的原则，即用户即使具有数据文件的访问权限，但若没有其关联软件的访问权限，仍然不能打开这个文件。比如，某个用户从网上下载了一部电影，虽然他作为所有者具有对该数据文件进行访问的权限，但软件限制策略限制了该用户账户对任何视频播放软件的访问，因此，该用户仍然无法播放这部电影。

（2）软件限制策略的冲突处理原则

软件限制策略与其他组策略一样，可以在多个级别上进行设置。即可将软件限制策略看成是组策略中的一个特殊分支。所以，软件限制策略可以在本地计算机、站点、域或组织单元等多个环节进行设置。每个级别又可以针对用户与计算机进行设置。

当在各个设置级别上的软件限制策略发生冲突时，应考虑优先性问题。一般来说，其优先性的级别从高到低为"组织单元策略""域策略""站点策略"和"本地计算机策略"。这就是说组织单元策略要比域策略的优先级高。如在域策略中限制用户使用视频播放器，而在一个组织单元中允许该单元中的账户具有视频软件的权限，即使这个组织单元在这个域中，只要账户属于这个组织单元，仍然可以使用视频软件。

（3）软件限制的规则

默认情况下，软件限制策略提供了"不受限的"和"不允许的"两种软件限制规则。

"不受限的"规则规定所有用户都可以运行指定的应用软件。只要用户具有数据文件的访问权限，就可以利用软件打开该文件。因此，应用软件的访问权限与数据文件的访问权限是独立的。用户只具有应用软件或数据文件的访问权限往往还不够，只有当两者权限都有，才能够打开相关的文件。

"不允许的"规则规定所有用户，都不能运行指定应用软件，无论其是否对数据文件具有访问权限。

系统默认的策略是所有软件运行都是"不受限的"，即只要用户对于数据文件有访问权限，就可以运行对应的应用软件。

2. 软件限制策略的应用

企业的网络管理员一般都遇到过这种困扰，老板不希望员工在工作时间聊QQ或玩游戏，但总有员工会私下安装被禁止的软件。如果使用监控软件进行监视，这样就有侵犯隐私之嫌；如果客户端是 Windows XP Professional，使用其中的软件限制策略即可达到目的。

简单地说，软件限制策略是一种技术，通过这种技术，管理员可以决定哪些程序是可信赖的，哪些是不可信赖的。对于不可信赖的程序，系统会拒绝执行。通常，管理员可利用文件路径、文件 Hash 值、文件证书、特定扩展名文件，以及其他强制属性等方式鉴别软件是否可信赖。

软件限制策略不仅可以在单机的 Windows XP 操作系统中设置，还可以通过域对所有加入该域的客户机进行设置，并设置成影响某个特定用户或用户组，或所有用户。另一方面，可能因为错误的设置而导致某些系统组件无法运行（如禁止运行所有 msc 后缀的文件而无法打开组策略编辑器），这样，只要重新启动系统到安全模式，然后使用 Administrator 账号登录并删除或修改这一策略即可。因为安全模式下使用 Administrator 账号登录是不受这些策略影响的。现以单机形式进行说明，并设置软件限制策略影响所有用户。

假设员工的计算机仅可运行操作系统自带的所有程序（C 盘）和工作所必需的 Office 软件，且 Office 程序安装在 D 盘，员工电脑的操作系统为 Windows XP Professional。在这种环境下，单击"开始"→"运行"，对话框中输入"Gpedit.msc"，打开组策略编辑器，可发现有"计算机配置"和"用户设置"条目。如果希望对本地登录到网络的所有用户生效，则使用"计算机配置"下的策略；如果希望对某个特定用户或用户组生效，则使用"用户配置"下的策略。

在开始配置之前还需考虑一个问题，即所允许的软件都有哪些特征，所禁用的软件又有哪些特征。用户应设计出一种最佳的策略，能使所有需要的软件正确运行，使所有不必要的软件都无法运行。本例中假设用户允许的大部分程序都位于系统盘（C 盘）的"Program Files"及"Windows"文件夹下，因此可以通过文件所在路径的方法决定哪些程序是被信任的。而对于安装在 D 盘的 Office 程序，可通过任意路径或文件 Hash 值的方法来决定。

二、IP 安全协议（IPSec）

（一）IPSec 概述

IP 安全协议（IP Security，IPSec）是一个网络安全协议的工业标准，也是目前 TCP/IP 网络的安全化协议标准。IPSec 最主要的功能是为 IP 通信提供加密和认证，为 IP 网络通信提供透明的安全服务，保护 TCP/IP 通信免遭窃听和篡改，有效抵御网络攻击，同时保持其易用性。

IPSec 的目标是为 IP 提供高质量互操作的基于密码学的一整套安全服务，其中包括访问控制、无连接完整性、数据源验证、抗重放攻击、机密性和有限的流量保密。这些服务都在 IP 层提供，可以为 IP 层及其上层协议提供保护。

IPSec 不是一个单独的协议，它包括网络认证协议（AH，也称认证报头）、封装安全载荷协议（ESP）、密钥管理协议（IKE）以及一些用于网络认证和加密的算法等。其中 AH 协议定义了认证的应用方法，提供数据源认证和完整性保证；ESP 协议定义了加密和可选认证的应用方法，提供可靠性保证。在进行 IP 通信时，可以根据实际安全需求同时使用这两种协议或选择使用其中的一种。AH 和 ESP 都可以提供认证服务，不过 AH 提供的认证服务要强于 ESP。IPSec 规定了如何在对等层之间选择安全协议、确定安全算法和密钥交换，向上层提供访问控制、数据源认证、数据加密等网络安全服务。IPSec 可应用于 VPN、应用级安全和路由安全三个不同的领域，但目前主要用于 VPN。

IPSec 既可以作为一个完整的 VPN 方案，也可以与其他协议（如 PPTP、L2TP）配合使用。它工作在 IP 层（网络层），为 IP 层提供安全性，并可为上一层应用提供一个安全的网络连接，提供一种基于端—端的安全模式。由于所有支持 TCP/IP 的主机进行通信时，都要经过 IP 层的处理，所以提供了 IP 层的安全性就相当于为整个网络提供了安全通信的基础。鉴于 IPv4 的应用仍然很广泛，所以后来在 IPSec 制定中将 IPv6 中的安全支持也增添进了 IPv4。

IPSec 可用于 IPv4 和 IPv6 环境，它有两种工作模式，一种是隧道模式，另一种是传输模式。在隧道模式中，整个 IP 数据包被加密或认证，成为一个新的更大的 IP 包的数据部分，该 IP 包有新的 IP 报头，还增加了 IPSec 报头。在传输模式中，只对 IP 数据包的有效负载进行加密或认证，此时继续使用原始 IP 头部。隧道模式主要用在网关和代理上，IPSec 服务由中间系统实现，端节点并不知道使用了 IPSec。在传输模式中，两个端节点必须都实现 IPSec，而中间系统不对数据包进行任何 IPSec 处理。

（二）IPsec 的加密与完整性验证机制

IPSec 可对数据进行加密和完整性验证。其中，AH 协议只能用于对数据包包头进行完整性验证，而 ESP 协议可用于对数据的加密和完整性验证。

1. 认证协议 AH

IPSec 认证协议（AH）为整个数据包提供身份认证、数据完整性验证和抗重放服务。AH 通过一个只有密钥持有人才知道的"数字签名"对用户进行认证。这个签名是数据包通过特别的算法得出的独特结果。AH 还能维持数据的完整性，因为在传输过程中无论多小的变化被附加，数据包头的数字签名都能把它检测出来。两个最常用的 AH 标准是 MD5 和 SHA－1，MD5 使用最多达 128 位的密钥，而 SHA－1 通过最多达 160 位的密钥提供更强的保护。

（1）Kerberos 方法

KerberosV5 常用于 Windows2003 操作系统，是其缺省认证方式。Kerberos 能在域内进行安全协议认证，使用时，它既对用户的身份进行验证，也对网络服务进行验证。Kerberos 的优点是可以在用户和服务器之间相互认证，也具有互操作性。Kerberos 可以在 Server2003 域和使用 Kerberos 认证的 UNIX 环境系统之间提供认证服务。

（2）公钥证书（PKI）方法

PKI 用来对非受信域的成员、非 Windows 系统客户或没有运行 KerberosV5 协议的计算机进行认证，认证证书由一个证书机关系统签署。

（3）预共享密钥方法

在预共享密钥认证中，计算机系统必须认同在 IPSec 策略中使用的一个共享密钥，使用预共享密钥仅当证书和 Kerberos 无法配置的场合。

2. 封装安全载荷协议 ESP

封装安全载荷协议（ESP）通过对数据包的全部数据或载荷内容进行加密来保证传输信息的机密性，避免其他用户通过监听打开信息交换的内容，因为只有受信任的用户才拥有密钥打开内容。此外，ESP 也能提供身份认证、数据完整性验证和防止重发的功能。在隧道模式中，整个 IP 数据报都在 ESP 负载中进行封装和加密。当该过程完成以后，真正的 IP 源地址和目的地址都可以被隐藏为 Internet 发送的普通数据。这种模式的一种典型用法就是在防火墙与防火墙之间通过 VPN 的连接进行的主机或拓扑隐藏。在传输模式中，只有更高层协议帧（TCP、UDP、ICMP 等）被放到加密后的 IP 数据报的 ESP 负载部分。在这种模式中，源和目的 IP 地址以及所有的 IP 报头域都是不加密发送的。

ESP 主要使用 DES 或 3DES 算法为数据包提供加密保护。例如，主机 A 用户将数据发送给主机 B 用户。因为 ESP 提供机密性，所以数据被加密。接收端在验证过程完成后，数据包的数据将被解密。B 用户可以确定确实是 A 用户发送的数据并且数据未经修改，其他人无法读取这些数据。

ESP 报头提供集成功能和 IP 数据的可靠性。集成功能保证了数据没有被恶意黑客破坏，可靠性保证使用密码技术的安全。对 IPv4 和 IPv6，ESP 报头都列在其他 IP 报头后面。ESP 编码只有在不被任何 IP 报头扰乱的情况下才能正确发送数据包。

ESP 数据格式由头部、加密数据和可选尾部三部分组成。使用 ESP 进行安全通信之前，通信双方需要先协商好一组将要采用的加密策略，包括使用的算法、密钥以及密钥的有效期等。加密数据部分除了包含原 IP 数据包的有效负载之外，填充域（用来保证加密数据部分满足块加密的长度要求）等部分在传输时也是加密过的。

第四章　计算机网络信息安全技术

第一节　计算机数字加密与认证

一、加密技术认证技术概述

（一）加密技术概述

1. 密码体制的模型

在密码学中，一个密码体制或密码系统是指由明文、密文、密钥、加密算法和解密算法所组成的五元组。

明文是指未经过任何变换处理的原始消息，通常用 m（message）或 p（plaintext）表示。所有可能的明文有限集组成明文空间，通常用 M 或 P 表示。

密文是指明文加密后的消息，通常用 c（ciphertext）表示。所有可能的密文有限集组成密文空间，通常用 C 表示。

密钥是指进行加密或解密操作所需的秘密/公开参数或关键信息，通常用 k（key）表示。所有可能的密钥有限集组成密钥空间，通常用 K 表示。

加密算法是指在密钥的作用下将明文消息从明文空间映射到密文空间的一种变换方法，该变换过程称为加密，通常用字母 E 表示，即 $c = E_K(m)$。

解密算法是指在密钥的作用下将密文消息从密文空间映射到明文空间的一种变换方法，该变换过程称为解密，通常用字母 D 表示，即 $m = D_k(C)$。

2. 密码体制的分类

密码体制是指实现加密和解密功能的密码方案，从密钥使用策略上，可分为对称密码体制（Symmetric Key Cryptosystem）和非对称密码体制（Asymmetric Key Cryptosystem）两类，非对称密码体制也被称为公钥密码体制（Public Key Cryptosystem）。

（1）对称密码体制

在对称密码体制中，由于加密密钥 K_1 和解密密钥 K_2 是相同的，或者虽然两者不相同,但已知其中一个密钥就能很容易地推出另一个密钥,因此消息的发送者和接收者必须对所使用的密钥完全保密,不能让任何第三方知道。对称密码体制又称为秘密密钥体制(Secret Key Cryptosystem)、单钥密码体制(One Key Cryptosystem)或传统密码体制(Traditional Cryptosystem)。按加密过程对数据的处理方式,它可以分为分组密码和序列密码两类,经典的对称密码算法有 AES、DES、RC4 和 A5 等。

(2) 非对称密码体制

在非对称密码体制中,加密密钥和解密密钥是完全不同的,一个是对外公开的公钥,可以通过公钥证书进行注册公开;另一个是必须保密的私钥,只有拥有者才知道。不能从公钥推出私钥,或者说从公钥推出私钥在计算上是不可行的。非对称密码体制又称为双钥密码体制(Double Key Cryptosystem)或公开密钥密码体制(Public Key Cryptosystem)。典型的非对称密码体制有 RSA、ECC、Rabin、Elgamal 和 NTRU 等。

非对称密码体制主要是为了解决对称密码体制中难以解决的问题而提出的,一是解决对称密码体制中密钥分发和管理的问题;二是解决不可否认性的问题。由此可知,非对称密码体制在密钥分配和管理、鉴别认证、不可否认性等方面具有重要意义。

对称密码体制主要用于信息的保密,实现信息的机密性。而非对称密码体制不仅可用来对信息进行加密,还可以用来对信息进行数字签名。在非对称密码体制中,任何人可用信息接收者的公钥对信息进行加密,信息接收者则用自己的私钥进行解密。而在数字签名算法中,签名者用自己的私钥对信息进行签名,任何人可用他相应的公钥验证其签名的有效性。因此,非对称密码体制不仅可保障信息的机密性,还具有认证和抗否认性的功能。

3. 密码体制的评价

(1) 密码算法的评价标准

随着现代密码学的发展,对密码算法的评价虽然没有统一的标准,但从最近的美国国家标准与技术研究院(NIST)对 AES 候选算法的选择标准来看,对密码算法的评价标准主要集中在以下几个方面。

①安全性:安全是最重要的评价因素。

②计算的效率:即算法的速度,算法在不同的工作平台上的速度都应该考虑到。

③存储条件:对 RAM 和 ROM 的要求。

④软件和硬件的适应性:算法在软件和硬件上都应该能够被有效地实现。

⑤简洁性:要求算法容易实现。

⑥适应性：算法应与大多数的工作平台相适应，能在广泛的范围内应用，具有可变的密钥长度。

也可以概括性地认为密码算法评价的标准分为安全、费用和算法的实施特点三大类。其中，安全包括坚实的数学基础，以及与其他算法相比较的相对安全性等；费用包括在不同平台的计算速度和存储必备条件；算法的实施特点包括软件和硬件的适应性、算法的简洁性，以及与各种平台的适应性、密钥的灵活性等。

（2）安全密码体制的性质

安全性对密码体制尤为重要，从前面密码体制的攻击可以看到，一个安全的密码体制应该具有以下性质。

①从密文恢复明文应该是难的，即使分析者知道明文空间（如明文是英文）。

②从密文计算出明文部分信息应该是难的。

③从密文探测出简单却有用的事实应该是难的，如相同的信息被发送了两次。

（3）密码体制攻击的结果

从密码分析者对一种密码体制攻击的效果来看，它可能达到以下结果。

①完全攻破。密码分析者找到了相应的密钥，从而对任意用同一密钥加密的密文恢复出对应的明文。

②部分攻破。密码分析者没有找到相应的密钥，但对于给定的密文，敌手能够获得明文的特定信息。

③密文识别。如对于两个给定的不同明文及其中一个明文的密文，密码分析者能够识别出该密文对应于哪个明文，或者能够识别出给定明文的密文和随机字符串。如果一个密码体制使得敌手不能在多项式时间内识别密文，这样的密码体制称为达到了语义安全（Semantic Security）。

（4）评价密码体制的途径

评价密码体制安全性有不同的途径，包括无条件安全性、计算安全性、可证明安全性。

①无条件安全性。如果密码分析者具有无限的计算能力，密码体制也不能被攻破，那么这个密码体制就是无条件安全的。例如，只有单个的明文用给定的密钥加密，移位密码和代换密码都是无条件安全的。一次一密加密（One-Time Pad Cipher）对于唯密文攻击是无条件安全的，因为敌手即使获得很多密文信息，具有无限的计算资源，仍然不能获得明文的任何信息。如果一个密码体制对于唯密文攻击是无条件安全的，则称该密码体制具有完善保密性。如

果明文空间是自然语言,所有其他的密码系统在唯密文攻击中都是可破的,因为只要简单地一个接一个地去试每种可能的密钥,并且检查所得明文是否都在明文空间中。这种方法称为穷举攻击(Brute Force Attack)。

②计算安全性。密码学更关心在计算上不可破译的密码系统。如果攻破一个密码体制的最好算法用现在或将来可得到的资源都不能在足够长的时间内破译,这个密码体制被认为在计算上是安全的。目前还没有任何一个实际的密码体制被证明是计算上安全的,因为我们知道的只是攻破一个密码体制的当前的最好算法,也许还存在一个我们现在还没有发现的更好的攻击算法。实际上,密码体制对某一种类型的攻击(如穷举攻击)在计算上是安全的,但对其他类型的攻击可能在计算上是不安全的。

③可证明安全性。另一种安全性度量是把密码体制的安全性归约为某个经过深入研究的数学难题。例如,如果给定的密码体制是可以破解的,那么就存在一种有效的方法解决大数的因子分解问题,而因子分解问题目前不存在有效的解决方法,于是称该密码体制是可证明安全的,即可证明攻破该密码体制比解决大数因子分解问题更难。可证明安全性只是说明密码体制的安全与一个问题是相关的,并没有证明密码体制是安全的。可证明安全性有时候也被称为归约安全性。

(二)现代密码体制的分类及一般模型

现行的密码算法主要包括序列密码、分组密码、公钥密码、散列函数等。现代加密技术包括对称加密、非对称加密(也称为公开密钥加密)等。

加密算法是非常多的,如 3DES、AES、Blowfish、IDEA、RC5、RC6、D-H、RSA、ECC、SMS4 等,这些加密算法通常是公开的,也有少数几种加密算法是不公开的。对于公开的加密算法,尽管大家都知道加密方法,但对密文进行解码必须要有正确的密钥,而密钥是保密的。在保密密钥中,加密者和解密者使用相同的密钥,这种技术称为对称加密。这种加密算法的问题是,用户必须让接收人知道自己所使用的密钥,这个密钥需要双方共同保密,任何一方的失误都会导致机密的泄露,而且在告诉收件人密钥的过程中,还需要防止任何人发现或偷听密钥。而公用/私有密钥与单独的密钥不同,它使用相互关联的一对密钥,一个是公用密钥,任何人都可以知道,另一个是私有密钥,只有拥有该对密钥的人知道。如果有人发信给这个人,他就用收信人的公用密钥对信件进行加密,当发件人收到信后,他就可以用他的私有密钥进行解密,而且只有他持有的私有密钥可以解密。这种加密方式的好处显而易见。私有密钥只有一个人持有,也就更加容易进行保密,因为不需在网络上传送私人密钥,也就不用担心别人在认证会话初期截获密钥。这种技术称为非对称加密。

1. 对称密码体制

对称密钥算法加密的要求：①需要强大的加密算法。即使对手知道了算法并能访问一些或更多的密文，也不能破译密文或得出密钥。②发送方和接收方必须用安全的方式来获得保密密钥的副本，必须保证密钥的安全。如果有人发现了密钥，并知道了算法，则使用此密钥的所有通信便都是可读取的。

常规机密的安全性取决于密钥的保密性，而不是算法的保密性。也就是说，如果知道了密文和加密及解密算法的知识，解密消息也是不可能的。

对称加密算法根据其工作方式，可以分成两类。一类是一次只对明文中的一个位（有时是对一个字节）进行运算的算法，称为序列加密算法。另一类是每次对明文中的一组位进行加密的算法，称为分组加密算法。现代典型的分组加密算法的分组长度是 64 位。这个长度既方便使用，又足以防止分析破译。

对称密码算法的优缺点：

①优点：加密、解密处理速度快、保密度高等。

②缺点：A. 密钥是保证通信安全的关键，发信方必须安全、妥善地把密钥护送到收信方，不能泄露其内容，如何才能把密钥安全地送到收信方，是对称密码算法的突出问题。对称密码算法的密钥分发过程十分复杂，所花代价高。B. 多人通信时密钥组合的数量会出现爆炸性膨胀，使密钥分发更加复杂化，N 个端用户进行两两通信，总共需要的密钥数为 N（N－1）/2 个。C. 通信双方必须统一密钥，才能发送保密的信息。如果发信者与收信人素不相识，就无法向对方发送秘密信息了。④除了密钥管理与分发问题，对称密码算法还存在数字签名困难问题（通信双方拥有同样的消息，接收方可以伪造签名，发送方也可以否认发送过某消息）。

2. 公钥密码体制

公钥是建立在数学函数基础上，而不是建立在位方式的操作上。更重要的是，公钥加密是不对称的，与只使用一种密钥的对称常规加密相比，它涉及公钥和私钥的使用。这两种密钥的使用已经对机密性、密钥的分发和身份验证领域产生了深远的影响。公钥加密算法可用于数据完整性、数据保密性、发送者不可否认和发送者认证等方面。

由于用户只需要保存好自己的私钥，而对应的公钥无须保密，需要使用公钥的用户可以通过公开的途径得到公钥，因此不存在对称加密算法中的密钥传送问题。同时，n 个用户相互之间采用公钥密钥算法进行通信，需要的密钥对数量也仅为 n，密钥的管理较对称加密算法简单得多。

公钥密码体制的优缺点如下所述。

(1) 优点主要表现在如下三个方面：

①网络中的每一个用户只需要保存自己的私钥，则 N 个用户仅需产生 N 对密钥。密钥少，便于管理。

②密钥分配简单，不需要秘密的通道和复杂的协议来传送密钥。公钥可基于公开的渠道（如密钥分发中心）分发给其他用户，而私钥则由用户自己保管。

③可以实现数字签名。

(2) 缺点：与对称密码体制相比，公钥密码体制的加密、解密处理速度较慢，同等安全强度下公钥密码体制的密钥位数要求多一些。

(三) 密码学新进展

密码学把信息安全核心算法作为其研究目标，其研究内容也随着信息安全不断发展的需求而增长。这里介绍几个有代表性的密码学研究新方向，以及这些算法与传统密码算法相比较的特点。

1. 可证明安全性

可证明安全性是指一个密码算法或密码协议，其安全性可以通过"归约"的方法得到证明。归约是把一个公认的难解问题通过多项式时间化成密码算法（或协议）的破译问题。换句话说，可证明安全性是假定攻击者能够成功，则可以从逻辑上推出这些攻击信息，可以使得攻击者或系统的使用者能够解决一个公认的数学难题。

这种思想使密码算法或密码协议的安全性论证比以往的方法更加科学、可信，因此成为密码学研究的一个热点问题。

2. 基于身份的密码技术

利用用户的部分身份信息可以直接推导出它的公开密钥的思想，对普通公钥密码来说，证书权威机构是在用户生成自己的公、私密钥对之后，对用户身份和公钥进行捆绑（签名），并公开这种捆绑关系。而对于基于身份的公钥密码来说，与证书权威机构对应的可信第三方，在用户的公、私密钥对生成过程中已经参与，而且公开密钥可以选择为用户的部分身份信息的函数值。这时，用户与其公钥的捆绑关系不是通过数字签名，而是通过可信第三方对密码参数进行可信、统一（而不是单独对每个用户的公钥）、公开的保障。可以看出，在多级交叉通信的情况下，对基于身份的密码使用比普通公钥密码的使用减少了一个签名、验证层次，从而受到人们的关注。

3. 量子密码学

量子计算是近年来兴起的一个研究领域。早在 1982 年，物理学家们注意到，一些量子力学中的现象无法在现有计算机上进行仿真。但在 1994 年，美国电话电报公司的研究实验室提出了与现在计算机系统不同的结构模型,称为量子计算机,它通过量子力学原理实现超常规的计算。研究人员在假设可以制造一台量子计算机的前提下提出一种算法,可以在多项式时间内分解大整数。这是量子计算机理论的重大突破,与密码学有重要的联系。

二、基于信息保密的密钥管理技术

(一) 密钥的类型和组织结构

1. 密钥的类型

密钥的管理需要借助于加密、认证、签字、协议、公证等技术。密钥管理系统是依靠可信赖的第三方参与的公证系统。

密钥的种类繁杂,但一般相关研究者将不同场合的密钥分为以下几类。

(1) 初始秘钥

把保护数据(加密和解密)的密钥叫作初级密钥(K),初级密钥又叫数据加密(数据解密)密钥。当初级密钥直接用于提供通信安全时,叫作初级通信密钥(KC)。在通信会话期间用于保护数据的初级通信密钥叫作会话密钥,但初级密钥用于直接提供文件安全时,叫作初级文件密钥(KF)。

(2) 会话密钥

会话密钥(Session Key)指两个通信终端用户一次通话或交换数据时使用的密钥。它位于密码系统中整个密钥层次的最底层,仅在临时的通话或交换数据中使用。

会话密钥若用来对传输的数据进行保护,则称为数据加密密钥;若用作保护文件,则称为文件密钥;若供通信双方专用,就称为专用密钥。

会话密钥大多是临时的、动态的,只有在需要时才通过协议取得,用完后就丢掉了,从而可降低密钥的分配存储量。

基于运算速度的考虑,会话密钥普遍是用对称密码算法来生成的。

(3) 主密钥

主密钥是对密钥加密秘钥进行加密的密钥,存于主机的处理器中。

密钥安全保密是密码系统安全的很重要保证,保证密钥安全的原则是除了在有安全保证环境下进行密钥的产生、分配、装入以及存入保密柜内备用外,密钥绝不能以明文的形式出现。密钥存储时,还必须保证密钥的机密性、认证性和完善性,防止泄漏和修改。

(4) 密钥加密密钥

密钥加密密钥(Key Encryption Key)用于对会话密钥或下层密钥进行保护,也称次主密钥(Submaster Key)、二级密钥(Secondary Key)。

在通信网络中，每一个节点都有一个此类密钥，每个节点到其他各节点的密钥加密密钥是不同的。但是，任两个节点间的密钥加密密钥却是相同的、共享的，这是整个系统预先分配和内置的。在这种系统中，密钥加密密钥就是系统预先给任两个节点间设置的共享密钥，该应用建立在对称密码体制的基础之上。

在建有公钥密码体制的系统中，所有用户都拥有公、私钥对。如果用户间要进行数据传输，协商一个会话密钥是必要的，会话密钥的传递可以用接收方的公钥加密来进行，接收方用自己的私钥解密，从而安全获得会话密钥，再利用它进行数据加密并发送给接收方。在这种系统中，密钥加密密钥就是建有公钥密码基础的用户的公钥。

密钥加密密钥是为了保证两点间安全传递会话密钥或下层密钥而设置的，处在密钥管理的中间层。

2. 密钥的组织结构

从信息安全的角度看，密钥的生存期越短，破译者的可乘之机就越少。所以，理论上一次一密钥最安全。在实际应用中，尤其是在网络环境下，多采用层次化的密钥管理结构。用于数据加密的工作密钥平时不存于加密设备中，需要时动态生成，并由其上层的密钥加密密钥进行加密保护；密钥加密密钥可根据需要由其上一级的加密密钥进行保护。最高层的密钥被称为主密钥，它是整个密钥管理体系的核心。在多层密钥管理系统中，通常下一层的密钥由上一层密钥按照某种密钥算法来生成，因此，掌握了主密钥，就有可能找出下层的各个密钥。

多层密钥管理体制大大增强了密码系统的安全性。由于用得最多的工作密钥经常更换，而高层密钥则用得较少，使得破译者可用的信息变得很少，增加了攻击的难度。另外，多层密钥体制为自动化管理带来了方便，因为下层密钥可由计算机系统自动产生和维护，并通过网络自动分配和更换，减少了接触密钥的人数，也减轻了用户的负担。

(二) 密钥的产生技术

现代通信技术中需要产生大量的密钥，以分配给系统中的各个节点或实体。如果依靠人工产生密钥的方式就不能适应大量密钥需求的现状，因此实现密钥产生的自动化，不仅可以减轻人工制造密钥的工作负担，而且可以消除认为差错引起的泄密。

1. 密钥产生的原则

不同等级的密钥的产生方式不同，原则如下：

(1) 主机主密钥的安全性至关重要，故要保证其完全随机性、不可重复性和不可预测性，可用投硬币、骰子、噪声发生器等方法产生；

（2）密钥加密密钥数量大（N（N－1）/2），可由安全算法、伪随机数发生器等产生；

（3）会话密钥可利用密钥加密密钥及某种算法（加密算法、单向函数等）产生；

（4）初始密钥用类似于主密钥或密钥加密密钥的方法产生。

2. 密钥产生的技术

（1）密钥产生的硬件技术

噪声源技术是密钥产生的常用方法，因为噪声源的功能就是产生二进制的随机序列或与之对应的随机数，它是密钥产生设备的核心部件。噪声源的另一个功能是在物理层加密的环境下进行信息填充，使网络能够防止流量分析。噪声源技术还被用于某些身份验证技术中。例如，在对等实体中，为防止口令被窃取常常使用随机应答技术，这时的提问与应答都是由噪声控制的。

（2）噪声源输出随机数序列，按照产生的方法可分为3种。

①伪随机序列

伪随机序列也称作伪码，具有近似随机序列（噪声）的性质，而又能按照一定规律（周期）产生和复制的序列。因为真正的随机序列是只能产生而不能复制的，所以称其"伪"随机序列，通常用数学方法和少量的种子密钥来产生。伪随机序列一般都有良好的、能经受理论检验的随机统计特性。常用的伪随机序列有 m 序列、M 序列和 R－S 序列。

②物理随机序列

用热噪声等客观方法产生的随机序列。实际的物理噪声往往要受到温度、电源、电路特性等因素的限制，其统计特性常带有一定的偏向性。

③准随机序列

用数学方法和物理方法相结合产生的随机序列，准随机序列可以克服前两者的缺点。

物理噪声源基本上有3类：基于力学的噪声源技术、基于电子学的噪声源技术、基于混沌理论的噪声源技术。

3. 不同类型密钥的产生方法

（1）主机主密钥的产生

这类密钥通常要用诸如掷硬币、骰子、从随机数表中选数等随机方式产生，以保证密钥的随机性，避免可预测性。而任何机器和算法所产生的密钥都有被预测的危险，主机主密钥是控制产生其他加密密钥的密钥，而且长时间保持不变，因此它的安全性是至关重要的。

(2) 加密密钥的产生

加密密钥可以由机器自动产生，也可以由密钥操作员选定。加密密钥构成的密钥表存储在主机中的辅助存储器中，只有密钥产生器才能对此表进行增加、修改、删除和更换密钥，其副本则以秘密方式送给相应的终端或主机。

(3) 会话密钥的产生

会话密钥可在密钥加密密钥作用下通过某种加密算法动态地产生，如用初始密钥控制一非线性移位寄存器或用密钥加密密钥控制 DES 算法产生。初始密钥可用产生密钥加密密钥或主机主密钥的方法生成。

(三) 密钥的分配方案

密钥分配是密钥管理系统中最为复杂的内容，密钥的分配一般要解决两个问题：一是采用密钥的自动分配机制，以提高系统的效率；二是尽可能减少系统中驻留的密钥量。以上问题根据不同的用户要求和网络系统的大小，用不同的解决方法。

1. 对称密钥分配方案

对称密码体制的主要商业应用起始于 20 世纪 80 年代早期，特别是在银行系统中，采纳了 DES 标准和银行工业标准 ANSI 数据加密算法。实际上，这两个标准所采用的算法是一致的。

对称密码体制的主要特点是加/解密双方在加/解密过程中要使用完全相同的一个密钥。这就使其存在一个最主要的问题，由于加/解密双方都要使用相同的密钥，因此在发送、接收数据之前，必须完成密钥的分发。所以，密钥的分发变成了该加密体系中的最薄弱、也是风险最大的环节。

为能在因特网上提供一个实用的解决方案，Kerberos 建立了一个安全的、可信任的密钥分发中心，每个用户只要知道一个和 KDC 进行会话的密钥就可以了。

2. 公钥分配方案

公开密钥密码体制能够验证信息发送人与接收人的真实身份，对所发出/接收信息在事后具有不可抵赖性，能够保障数据的完整性。这里有一个前提就是要保证公钥和公钥持有人之间的对应关系。因为任何人都可以通过多种不同的方式公布自己的公钥，如个人主页、电子邮件和其他一些公用服务器等，由于其他人无法确认它所公布的公钥是否就是他自己的，所以也就无法认可他的数字签名。

获取公钥的途径有多种，包括公开发布、公用目录、公钥机构和公钥证书。

三、数字证书与认证技术的安全防护

（一）数字证书对网络信息的安全防护

1. 数字证书概述

数字证书（Digital Certificate）又称为数字标识（Digital ID），它提供了一种在网络上验证身份的方式，是用来标志和证明网络通信双方身份的数字信息文件，与我们日常生活中的身份证相似。在网上进行电子商务活动时，交易双方需要使用数字证书来表明自己的身份，并使用数字证书来进行有关的交易操作。通俗地讲，数字证书就是个人或单位在网络通信中的身份证。数字证书将身份绑定到一对可以用来加密和签名数字信息的电子密钥，它能够验证一个人使用给定密钥的权利，这样有利于防止利用假密钥冒充其他用户的人。数字证书与加密一起使用，可以提供一个更加完整的信息安全技术方案，确保交易中各方的身份。

数字证书是由权威公正的第三方机构即 CA 中心签发的，以数字证书为核心的加密技术，可以对网络上传输的信息进行加密和解密、数字签名和签名验证，保证信息的机密性、完整性，以及交易实体身份的真实性和签名信息的不可否认性，从而保障网络应用的安全性。数字证书体系采用公开密码体制，即利用一对互相匹配的密钥进行加密、解密。每个用户拥有一把仅为本人所掌握的私有密钥（私钥），用它进行解密和签名；同时拥有一把公开密钥（公钥），用于加密和验证签名。当发送一份保密文件时，发送方使用接收方的公钥对数据加密，而接收方则使用自己的私钥解密，这样，信息就可以安全无误地到达目的地。即使被第三方截获，由于其没有相应的私钥，也无法进行解密。

2. 数字证书主要功能

数字证书的主要功能有：

（1）文件加密

通过使用数字证书对信息进行加密来保证文件的保密性，采用基于公钥密码体制的数字证书能很好地解决网络文件的加密通信。

（2）数字签名

数字证书可以用来实现数字签名，以防止他人篡改文件，保证文件的正确性、完整性、可靠性和不可抵赖性。

（3）身份认证

利用数字证书实现身份认证可以解决网络上的身份验证，能很好地保障电子商务活动中的交易安全问题。

3. 数字证书的分类

X.509 标准已在编排公共密钥格式方面被广泛接受，已用于许多网络安全应用程序，其中包括 IP 安全（IPSec）、安全套接层（SSL）、安全电子交易（SET）、安全多媒体 INTERNET 邮件扩展（S/MIME）等。数字证书按申请者的类型的分类有：

(1) 个人数字证书

这种证书中包含个人身份信息和个人公钥，用于标识证书持有者的个人身份。在某些情况下，服务器可能在建立 SSL 连接时要求客户提供个人证书来证实客户身份。为了取得个人证书，用户可向某一 CA 申请，CA 经过审查后决定是否向用户颁发证书。

(2) 企业数字证书

企业身份证书申请者为企事业单位，证书中包含证书持有者的企业身份信息、公钥及证书颁发机构（CA）的签名，在网络通信中标识证书持有者的企业身份，并且保证信息在互联网传输过程中的安全性和完整性。企业身份证书主要应用于企业对外的网络业务中的身份识别、信息加密及数字签名等。

(3) 服务器证书

这种证书证实服务器的身份和公钥。它主要用于网站交易服务器的身份识别，使得连接到服务器的用户确信服务器的真实身份，目的是保证客户和服务器之间交易、支付时确保双方身份的真实性、安全性、可信任性等。

(4) 安全邮件数字证书

安全邮件数字证书中包含用户的邮箱地址信息，用于电子邮件的身份识别、邮件的数字签名、加密。在发送电子邮件过程中，使用安全邮件证书，可以对电子邮件的内容和附件进行加密，确保在传输的过程中不被他人阅读、截取和篡改；在接收方，使得接收方可以确认该电子邮件是由发送方发送的，并且在传送过程中未被篡改。

(5) 安全 Web 站点证书

安全 Web 站点证书中包含 Web 站点的基本信息、公钥和 CA 机构的签名，凡是具有网址的 Web 站点均可以申请使用该证书，主要和网站的 IP 地址、域名绑定，可以保证网站的真实性和不被人仿冒。

(6) 安全代码证书

代码签名证书是 CA 中心签发给软件提供商的数字证书，包含软件提供商的身份信息、公钥及 CA 的签名。代码签名证书的使用，对于用户来说，用户可以清楚了解软件的来源和可靠性，增强了用户使用 Internet 获取软件的决心。万一用户下载的是有害软件，也可以根据证书追踪到软件的来源。对于软件提供商来说，使用代码签名证书，其软件产品更难以被仿造和篡改，增强了软件提供商与用户间的信任度和软件商的信誉。

一般来说，数字证书主要包括三方面的内容：证书所有者的信息、证书所有者的公开密钥和证书颁发机构的签名。数字证书的格式一般采用 X.509 国际标准。目前的数字证书类型主要包括：个人数字证书、单位数字证书、单位员工数字证书、服务器证书、VPN 证书、WAP 证书、代码签名证书和表单签名证书。

数字证书主要用于发送安全电子邮件、访问安全站点、网上证券、网上招标采购、网上签约、网上办公、网上缴费、网上税务等网上安全电子事务处理和安全电子交易活动。

（二）认证技术对网络信息的安全防护

身份认证技术是在计算机网络中确认操作者身份而使用的技术。

如何保证以数字身份进行操作的操作者就是这个数字身份的合法拥有者，即保证操作者的物理身份与数字身份相对应，这就是身份认证技术所需要解决的问题。作为防护网络资产的第一道关口，身份认证起着举足轻重的作用。数字签名和鉴别技术的一个最主要的应用领域就是身份认证。

身份认证技术是在计算机网络中确认操作者身份的过程而产生的解决方法。计算机网络世界中一切信息包括用户的身份信息都是用一组特定的数据来表示的，计算机只能识别用户的数字身份，所有对用户的授权也是针对用户数字身份的授权。

1. 静态密码

用户的密码是由用户自己设定的。在网络登录时输入正确的密码，计算机就认为操作者就是合法用户。实际上，由于许多用户为了防止忘记密码，经常采用诸如生日、电话号码等容易被猜测的字符串作为密码，或者把密码抄在纸上放在一个自认为安全的地方，这样很容易造成密码泄漏。如果密码是静态的数据，在验证过程中需要在计算机内存中和网络中传输，而每次验证使用的验证信息都是相同的，很容易被驻留在计算机内存中的木马程序或网络中的监听设备截获。因此，静态密码机制无论是使用还是部署都非常简单，但从安全性上讲，用户名/密码方式是一种不安全的身份认证方式。它利用 what you know 方法。这种认证形式的优点是方法简单；缺点是用户采用的密码一般较短，且容易猜测，容易受到口令猜测攻击；口令的明文传输使得攻击者可以通过窃听通信信道等手段获得用户口令；加密口令还存在加密密钥的交换问题。

2. 智能卡

智能卡又称 IC 卡（Integrated Circuit Card）。智能卡是一个或多个集成电路芯片组成并封装成便于人们携带的卡片，已经在电信、交通、银行、医疗等行业及部门广泛应用。

智能卡认证是通过智能卡硬件的不可复制性来保证用户身份不会被仿冒的。然而由于每次从智能卡中读取的数据是静态的，通过内存扫描或网络监听等技术还是很容易截取到用户的身份验证信息，因此仍存在安全隐患。

3. 生物识别技术

生物统计学正在成为个人身份认证技术中最简单且安全的方法，它利用个人的生理特征来实现对个人身份的认证。由于个人生理特征具有唯一性、便携性、难丢失、难伪造的特点，因此非常适合用于个人身份认证。目前，基于生物特征识别的身份认证技术主要有指纹识别技术、语音识别技术、视网膜图样识别技术、虹膜图样识别技术以及脸型识别技术等。

生物特征认证是基于生物特征识别技术的，受到目前生物特征识别技术成熟度的影响，采用生物特征认证还具有较大的局限性：首先，生物特征识别的准确性和稳定性还有待提高；其次，由于研发投入较大而产量较小的原因，生物特征认证系统的成本非常高。

4. 单因子和双因子身份认证

单因子也称单向认证，它是指仅通过一个条件来认证一个人的身份的技术。若李四和张三在网上通信时，李四只需要认证张三的身份即可，李四需要获取张三的数字证书，方法有两种：一种是在通信时由张三直接将证书传送给李四；另一种是李四向认证服务器CA的目录服务器检索下载。当李四获得张三的数字证书后，首先用CA的根证书的公钥来验证该证书的签名，验证通过则说明该证书是第三方CA签发的合法证书，然后检查证书的使用期限和有效性。

所谓双因子就是将两种认证方法结合起来，进一步加强认证的安全性，目前使用最为广泛的双因素有：动态口令牌＋静态密码、USB Key＋静态密码、二层静态密码等。

5. USB Key

U－Key（USB Key）是一种USB接口的硬件存储设备。USB Key的模样跟普通的U盘差不多，不同的是它里面存放了单片机或智能卡芯片，USB Key有一定的存储空间，可以存储用户的私钥以及数字证书，利用USB Key内置的公钥算法芯片可以自动产生公私密钥对，实现对用户身份的认证。

基于USB Key的身份认证技术是近几年发展起来的一种方便、安全、经济的身份认证技术，它采用软硬件相结合的一次一密的强双因子认证模式，很好地解决了安全性与易用性之间的矛盾。最典型的应用例子就是我国各银行网上银行用的 U-Key。

6. 动态口令

动态口令技术是一种让用户的密码按照时间或使用次数不断动态变化，每个密码只使用一次的技术。它采用一种称之为动态令牌的专用硬件，内置电源、密码生成芯片和显示屏，密码生成芯片运行专门的密码算法，根据当前时间或使用次数生成当前密码并显示在显示屏上。认证服务器采用相同的算法计算当前的有效密码。用户使用时只需要将动态令牌上显示的当前密码输入客户端计算机，即可实现身份的确认。由于每次使用的密码必须由动态令牌来产生，只有合法用户才持有该硬件，所以只要密码验证通过就可以认为该用户的身份是可靠的。而用户每次使用的密码都不相同，即使黑客截获了一次密码，也无法利用这个密码来仿冒合法用户的身份。

动态口令技术采用一次一密的方法，有效地保证了用户身份的安全性。但是如果客户端硬件与服务器端程序的时间或次数不能保持良好的同步，就可能发生合法用户无法登录的问题。并且用户每次登录时还需要通过键盘输入一长串无规律的密码，一旦看错或输错就要重新来过，用户使用非常不方便。

7. 短信密码

短信密码以手机短信形式请求包含 6 位随机数的动态密码，身份认证系统以短信形式发送随机的 6 位密码到客户的手机上。客户在登录或者交易认证时输入此动态密码，从而确保系统身份认证的安全性。它利用 what you have 方法。

短信密码具有以下优点：

(1) 安全性

由于手机与客户绑定比较紧密，短信密码生成与使用场景是物理隔绝的，因此密码在通路上被截取概率降至最低。

(2) 普及性

使用者只要会接收短信即可使用，大大降低短信密码技术的使用门槛，学习成本几乎为 0，所以在市场接受度上不会存在阻力。

(3) 易收费

由于移动互联网用户长期以来已养成了付费的习惯，这是和 PC 互联网时代截然不同的理念，而且收费通道非常发达。网银、第三方支付、电子商务可将短信密码作为一项增值业务，每月通过 SP 收费不会有阻力，因此也可增加收益。

(4) 易维护

由于短信网关技术非常成熟，大大降低了短信密码系统上马的复杂度和风险，短信密码业务后期客服成本低。稳定的系统在提升安全性的同时也营造了良好的口碑效应。这也是目前银行也大量采纳这项技术很重要的原因。

第二节　防火墙技术

一、防火墙概述

（一）防火墙的定义

顾名思义，防火墙是一种隔离设备。防火墙是一种高级访问控制设备，是置于不同网络安全域之间的一系列部件的组合。它是不同网络安全域之间通信流的唯一通道，能根据用户设置的安全策略控制进出网络的访问行为。

从专业角度讲，防火墙是位于两个或多个网络之间，实施网络访问控制的组件集合。从用户角度讲，防火墙就是被放置在用户计算机与外网之间的防御体系，从外部网络发往用户计算机的所有数据都要经过其判断处理后才能决定能否将数据交给计算机，一旦发现数据异常或有害，防火墙就会将数据拦截，从而实现对计算机的保护。

防火墙是网络安全策略的组成部分，它只是一个保护装置，通过检测和控制网络之间的信息交换和访问行为来实现对网络安全的有效管理，其主要目的就是保护内部网络的安全。

防火墙是在两个网络通信时执行的一种访问控制工具，它能允许用户"同意"的人和数据进入用户的网络，同时将用户"不同意"的人和数据拒之门外，最大限度地阻止网络中的黑客来访问用户的网络。换句话说，如果不通过防火墙，公司内部的人就无法访问 Internet，Internet 上的人也无法和公司内部的人进行通信。

（二）防火墙的特性和功能

1. 防火墙的特性

防火墙是保障网络安全的一个系统或一组系统，用于加强网络间的访问控制，防止外部用户非法使用内部网络的资源，保护内部网络的设备不被破坏，防止内部网络的敏感数据被窃取。防火墙应具备以下 3 个基本特性。

（1）内部网络和外部网络之间的所有网络数据流都必须经过防火墙

这是防火墙所处网络位置特性，同时也是一个前提。因为只有当防火墙是内、外部网络之间通信的唯一通道时，才可以全面、有效地保护企业内部网络不受侵害。网络边界即采用不同安全策略的两个网络的连接处，如用户网络和因特网之间的连接、用户网络和其他业务往来单位的网络连接、用户内部网络不同部门之间的连接等。防火墙的目的就是在网络连接之间建立一个安全控制点，通过允许、拒绝或重新定向经过防火墙的数据流，实现对进、出内部网络的服务和访问的审计与控制。

(2) 只有符合安全策略的数据流才能通过防火墙

防火墙最基本的功能是确保网络流量的合法性，并在此前提下将网络的流量快速地从一条链路转发到另外的链路上。原始的防火墙是一台"双穴主机"，即具备两个网络接口，同时拥有两个网络层地址。防火墙将网络上的流量通过相应的网络接口进行接收，按照 OSI 协议栈的 7 层结构顺序上传，在适当的协议层进行访问规则和安全审查，然后将符合通过条件的报文从相应的网络接口送出，而对于那些不符合通过条件的报文则予以阻断。因此，从这个角度上来说，防火墙是一个类似于桥接或路由器的、多端口的（网络接口≥2）转发设备，它跨接于多个分隔的物理网段之间，并在报文转发过程中完成对报文的审查工作。

(3) 防火墙自身应具有非常强的抗攻击能力

这是防火墙之所以能担当企业内部网络安全防护重任的先决条件。防火墙处于网络边缘，就像一个边界卫士一样，每时每刻都要面对黑客的入侵，这样就要求防火墙自身要具有非常强的抗击入侵能力。它之所以具有这么强的功能，防火墙操作系统本身是关键，只有自身具有完整信任关系的操作系统才可以保证系统的安全性。同时，防火墙自身具有非常低的服务层次，除了专门的防火墙嵌入系统外，再没有其他应用程序在防火墙上运行。

2. 防火墙的功能

笼统地说，防火墙应具备以下功能。

(1) 阻止易受攻击的服务进入内部网

一个防火墙（作为阻塞点、控制点）能极大地提高一个内部网络的安全性，并通过过滤不安全的服务而降低风险。由于只有经过精心选择的应用协议才能通过防火墙，因此网络环境变得更安全。例如，防火墙可以禁止诸如不安全的 NFS 协议进出受保护的网络，这样外部的攻击者就不可能利用这些脆弱的协议来攻击内部网络。防火墙同时可以保护网络免受基于路由的攻击，如 IP 选项中的源路由攻击和 ICMP 重定向中的重定向路径。防火墙应该可以拒绝所有以上类型攻击的报文并通知管理员。

(2) 集中安全管理

通过以防火墙为中心的安全方案配置，能将所有安全机制（如口令、加密、身份认证和审计等）配置在防火墙上。与将网络安全问题分散到各个主机上相比，防火墙的集中安全管理更经济。例如，在网络访问时，一次一密口令（OTP）系统和其他的身份认证系统完全可以不必分散在各个主机上，而是集中在防火墙上。

（3）对网络存取和访问进行监控审计

如果所有的访问都经过防火墙，那么防火墙就能记录下这些访问并做出日志记录，同时也能提供网络使用情况的统计数据。当发生可疑动作时，防火墙能进行适当的报警，并提供网络是否受到探测和攻击的详细信息。另外，收集一个网络的正常使用和误用情况也是非常重要的。而网络使用统计对网络需求分析和威胁分析等而言也是非常重要的。

（4）检测扫描计算机的企图

防火墙还可以检测到端口扫描，当计算机被扫描时，防火墙能发出警告，可以通过禁止连接来阻止攻击，可以跟踪和报告进行扫描攻击的计算机 IP 地址。

（5）防范特洛伊木马

特洛伊木马会在计算机上企图打开 TCP/IP 端口，然后连接到外部计算机与黑客进行通信。用户可以指定一个合法通过防火墙的应用程序列表，任何不在列表中的木马程序进行外部通信连接时都会被拒绝。

（6）防病毒功能

现在的防火墙支持防病毒功能，能够扫描电子邮件附件、FTP 下载的文件内容，防止或减少病毒入侵。从 HTTP 页面剥离 Java Applet、ActiveX 等小程序，从 Script 代码中检测出危险代码或病毒，并向用户报警。

除了安全作用外，防火墙还支持具有 Internet 服务特性的企业内部网络技术体系 VPN。通过 VPN，将企事业单位在地域上分布在全世界各地的 LAN 或专用子网有机地连成一个整体，不仅省去了专用通信线路，而且为信息共享提供了技术保障。

（三）防火墙的分类

1. 按防火墙软硬件形式分类

如果从软硬件形式来分，防火墙可以分为软件防火墙、硬件防火墙和芯片级防火墙。

（1）软件防火墙

软件防火墙运行于特定的机器上，它需要客户预先安装好的计算机操作系统的支持，一般来说这台计算机就是整个网络的网关，俗称"个人防火墙"。软件防火墙就像其他的软件产品一样，需要先在计算机上安装并做好配置才可以使用。防火墙厂商中做网络版软件防火墙最出名的莫过于 Checkpoint。使用这类防火墙，需要网管对所工作的操作系统平台比较熟悉。

（2）硬件防火墙

这里所说的硬件防火墙是指所谓的硬件防火墙。之所以加上"所谓"二字，是针对芯片级防火墙来说的。它们最大的差别在于是否基于专用的硬件平台。目前市场上大多数防火墙都是这种所谓的硬件防火墙，它们都基于 PC 架构。也就是说，它们和普通家庭用的 PC 没有太大区别。在这些 PC 架构计算机上运行一些经过裁剪和简化的操作系统，最常用的有旧版本的 UNIX、Linux 和 FreeBSD 系统。值得注意的是，由于此类防火墙采用的依然是别人的内核，因此会受到 OS（操作系统）本身的安全性影响。

（3）芯片级防火墙

芯片级防火墙基于专门的硬件平台，没有操作系统。专有的 ASIC 芯片促使它们比其他种类的防火墙速度更快，处理能力更强，性能更高。做这类防火墙最出名的厂商有 NetScreen、FortiNet 和 Cisco 等。这类防火墙由于是专用 OS（操作系统），因此防火墙本身的漏洞比较少，不过价格相对比较昂贵。

2. 按防火墙技术分类

防火墙技术总体上可分为"包过滤型"和"应用代理型"两大类。前者以以色列的 Checkpoint 防火墙和美国 Cisco 公司的 PIX 防火墙为代表，后者以美国 NAI 公司的 Gauntlet 防火墙为代表。

（1）包过滤型防火墙

包过滤（Packet Filtering）型防火墙工作在 OSI 网络参考模型的网络层和传输层，它根据数据包头源地址、目的地址、端口号和协议类型等标志确定是否允许通过。只有满足过滤条件的数据包才被转发到相应的目的地，其余数据包则被从数据流中丢弃。

包过滤方式是一种通用、廉价和有效的安全手段。之所以通用，是因为它不是针对各个具体的网络服务采取的特殊处理方式，而是适用于所有网络服务；之所以廉价，是因为大多数路由器都提供数据包过滤功能，所以这类防火墙多数是由路由器集成的；之所以有效，是因为它能满足绝大多数安全要求。

（2）应用代理型防火墙

由于包过滤技术无法提供完善的数据保护措施，而且对一些特殊的报文攻击，仅仅使用过滤的方法并不能消除危害（如 SYN 攻击、ICMP 洪水等），因此人们需要一种更全面的防火墙保护技术，在这样的需求背景下，采用"应用代理（Application Proxy）"技术的防火墙诞生了。

应用代理型防火墙工作在 OSI 的最高层，即应用层。它完全"阻隔"了网络通信流，通过对每种应用服务编制专门的代理程序，实现监视和控制应用层通信流的作用。

在代理型防火墙技术的发展过程中，它也经历了两个不同的版本：第一代应用网关代理型防火墙和第二代自适应代理型防火墙。

二、防火墙产品的技术及实现

目前应用的防火墙技术主要有包过滤防火墙、应用代理网关防火墙、状态检测防火墙以及其他新型防火墙技术。

（一）包过滤防火墙

1. 包过滤防火墙简介

包过滤防火墙是一种通用、廉价、有效的安全手段。包过滤防火墙不针对各个具体的网络服务采取特殊的处理方式，而且大多数路由器都提供分组过滤功能，同时能够很大程度地满足企业的安全要求。

包过滤防火墙的依据是分包传输技术。网络上的数据都是以包为单位进行传输的，数据被分割成一定大小的包，每个包分为包头和数据两部分，包头中含有源地址和目的地址等信息。路由器从包头中读取目的地址并选择一条物理线路发送出去，当所有的包抵达后会在目的地重新组装还原。

包过滤防火墙一般由屏蔽路由器（Screening Router，也称为过滤路由器）来实现，这种路由器在普通路由器的基础上加入 IP 过滤功能，是防火墙最基本的构件。

2. 包过滤防火墙的优缺点

（1）包过滤防火墙的优点

包过滤防火墙具有明显的优点。

①一个屏蔽路由器能保护整个网络

一个恰当配置的屏蔽路由器连接内部网络与外部网络，进行数据包过滤，就可以取得较好的网络安全效果。

②包过滤对用户透明

包过滤不要求任何客户机配置，当屏蔽路由器决定让数据包通过时，它与普通路由器没什么区别，用户感觉不到它的存在。较强的透明度是包过滤的一大优势。

③屏蔽路由器速度快、效率高

屏蔽路由器只检查包头信息，一般不查看数据部分，而且某些核心部分是由专用硬件实现的，故其转发速度快、效率较高，通常作为网络安全的第一道防线。

(2) 包过滤防火墙的缺点

包过滤防火墙的缺点也是很明显的。

①存在安全漏洞

定义包过滤路由器是一个复杂的任务,因为网络管理员需要对各种网络服务、数据包报头格式以及报头中每个字段特定的取值透彻地理解。如果要求包过滤路由器支持复杂的过滤要求,过滤规则集就会变得很长、很复杂,使得它难以管理和理解,最后由于没有方法对配置到路由器以后的包过滤规则的正确性进行验证,可能会遗留安全漏洞。

②不支持应用层协议

假如内网用户提出这样一个需求,只允许内网员工访问外网的网页(使用HTTP协议),不允许去外网下载电影(一般使用P2P协议),这时包过滤防火墙无能为力,因为它不认识数据包中的应用层协议,访问控制粒度太粗糙。

③对网络系统管理员要求较高

路由器中过滤规则的设置和配置十分复杂,涉及规则的逻辑一致性、作用端口的有效性和规则集的正确性,一般的网络系统管理员难于胜任,加之一旦出现新的协议,管理员就需要加上更多的规则去限制,往往会带来很多错误。

(二)应用代理防火墙

在实际应用中,一些特殊的报文攻击仅仅使用包过滤的方法并不能消除危害,因此需要一种更全面的防火墙保护技术,于是,采用"应用代理"(Application Proxy)技术的防火墙诞生了。

1. 代理服务器简介

代理服务器(Proxy Server)是指代表内网用户向外网服务器进行连接请求的服务程序。代理服务器运行在两个网络之间,它对于客户机来说像是一台真正的服务器,而对于外网的服务器来说,它又是一台客户机。

代理服务器的基本工作过程是,当客户机需要使用外网服务器上的数据时,首先将请求发给代理服务器,代理服务器再根据这一请求向服务器索取数据,然后再由代理服务器将数据传输给客户机。

也就是说,代理服务器通常运行在两个网络之间,是客户机和真实服务器之间的中介,代理服务器彻底隔断内部网络与外部网络的"直接"通信,内部网络的客户机对外部网络的服务器的访问,变成了代理服务器对外部网络的服务器的访问,然后由代理服务器转发给内部网络的客户机。代理服务器对内部网络的客户机来说像是一台服务器,而对于外部网络的服务器来说,又像是一台客户机。

如果在一台代理设备的服务器端和客户端之间连接一个过滤措施,就成了

"应用代理"防火墙,这种防火墙实际上就是一台小型的带有数据"检测、过滤"功能的透明代理服务器(Transparent Proxy),但是并不是单纯地在一个代理设备中嵌入包过滤技术,而是一种被称为"应用协议分析"(Application Protocol Analysis)的技术。所以也经常把代理防火墙称为代理服务器、应用网关(Application Gateway),工作在应用层,适用于某些特定的服务,如HTTP、FIP等。

代理防火墙体现的是另一种风格的防火墙设计。它没有使用通用的安全机制和安全规则描述,而是具有很强的针对性和专用性,可以对特定的应用服务在内部网络内外的使用实施有效控制。通过代理防火墙,内部网络中的用户名被防火墙中的名字取代,增加了攻击者寻找攻击对象的难度。而且,由于应用级代理,可以对过去操作进行检查和控制,禁止了不安全的行为,日志、记录也更加简洁有用。此外,代理防火墙不仅提供报文过滤,还可以对传输时间、带宽等进行控制,因此从应用的角度来看更安全、更有效。

2. 应用代理防火墙的优缺点
(1) 应用代理防火墙的优点
①应用代理易于配置
因为代理是一个软件,所以比过滤路由器容易配置。如果代理实现得好,可以对配置协议要求较低,从而避免了配置错误。
②应用代理能生成各项记录
因代理在应用层检查各项数据,所以可以按一定准则,让代理生成各项日志、记录。这些日志、记录对于流量分析、安全检验是十分重要和宝贵的。
③应用代理能灵活、完全地控制进出信息
通过采取一定的措施,按照一定的规则,可以借助代理实现一整套的安全策略,控制进出信息。
④应用代理能过滤数据内容
可以把一些过滤规则应用于代理,让它在应用层实现过滤功能。
⑤代理能为用户提供透明的加密机制
代理能够完成加解密的功能,从而确保数据的机密性,这点在虚拟专用网中特别重要。
⑥代理可以方便地与其他安全手段集成
目前的安全问题解决方案很多,如认证(authentication)、授权(authorization)、账号(accounting)、数据加密、安全协议(SSL)等。如果将代理与这些手段联合使用,将大大增加网络安全性。

第四章 计算机网络信息安全技术

(2) 应用代理防火墙的缺点

代理防火墙技术具有以下缺点。

①代理速度较路由器慢

路由器只是简单检查 TCP/IP 报头特定的几个域，不做详细分析、记录。而代理工作于应用层，要检查数据包的内容，按特定的应用协议（如 HTTP）审查、扫描数据包内容，进行代理（转发请求或响应），速度较慢。

②代理对用户不透明

许多代理要求用户安装特定客户端软件，这给用户增加了不透明度。安装和配置特定的应用程序既耗费时间，又容易出错。

③对于每项服务，应用代理可能要求不同的服务器

因此可能需要为每项协议设置一个不同的代理服务器，挑选、安装和配置所有这些不同的服务器是一项繁重的工作。

④应用代理服务通常要求对客户或过程进行限制

除了一些为代理而设置的服务外，代理服务器要求对客户或过程进行限制，每一种限制都有不足之处，人们无法按他们自己的步骤工作。由于这些限制，代理应用就不能像非代理应用那样灵活运用。

⑤应用代理服务受协议弱点的限制

每个应用层协议，都或多或少存在一些安全隐患，对于一个代理服务器来说，要彻底避免这些安全隐患几乎是不可能的，除非关掉这些服务。

3. 应用代理防火墙的分类

代理服务器工作在应用层，针对不同的应用协议，需要建立不同的服务代理。按代理服务器的用途分类如下。

(1) HTTP 代理

目前各种园区网络都大量地使用代理服务器（proxy），而且各种 HTTP 客户程序都透明地支持代理方案。使用代理的另一个好处是，代理服务器能够将获得的信息进行缓存，从而改善客户的执行效率，并降低网络带宽的使用。

(2) POP 代理

POP 对于代理系统来说是很简单的，因为它采用单个连接。但由于 POP 协议及其实现的缺陷，最好不要允许用户经 Internet 来传输内部网络站点上的邮件，除非不用输入口令就

能完成连接，并且不关心邮件的保密问题或者另有加密措施。另外，如果有的用户用 POP 从其他站点下载邮件，最好也限制从特定站点来的连接或使其连接到内部网络的特定主机。

（3）Telnet 代理

Telnet 是网络中最常用的服务之一，也是最危险的服务之一，尤其是外部网络向内部网络的远程登录。目前几乎所有的商用代理软件包都包含了 Telnet 代理，使用改进过的登录进程对外来的 Telnet 呼叫进行鉴别，然后再将其转到目标主机，如果需要通过 Telnet 传输保密信息，可以考虑使用 Telnet 的加密版本。

还有，FTP 代理：代理客户机上的 FTP 软件访问 FTP 服务器，端口一般为 21、2121。SSL 代理：支持最高 128 位加密强度的 HTTP 代理，可以作为访问加密网站的代理。加密网站是指以 https://开始的网站。SSL 的标准端口为 443。HTTP CONNECT 代理：允许用户建立 TCP 连接到任何端口的代理服务器，这种代理不仅可用于 HTTP，还包括 FTP、IRC、RM 流服务等。Socks 代理：全能代理，支持多种协议，包括 HTTP、FTP 请求及其他类型的请求，标准端口为 1080 等。

除了上述常用的代理，还有各种各样的应用代理：文献代理、教育网代理、跳板代理、Ssso 代理、Flat 代理、SoftE 代理等。

（三）状态检测防火墙

1. 状态检测防火墙简介

基于状态检测技术的防火墙是由 CheckPoint 软件技术有限公司率先提出的，也称为动态包过滤防火墙。基于状态检测技术的防火墙通过一个在网关处执行网络安全策略的检测引擎而获得非常好的安全特性。检测引擎在不影响网络正常运行的前提下，采取抽取有关数据的方法对网络通信的各层实施检测。检测引擎维护一个动态的状态信息表，并对后续的数据包进行检查，一旦发现某个连接的参数有意外变化，则立即将其终止。

状态检测防火墙监视和跟踪每个有效连接的状态，并根据这些信息决定是否允许网络数据包通过防火墙。它在协议栈底层截取数据包，然后分析这些数据包的当前状态，并将其与前一时刻相应的状态信息进行对比，从而得到对该数据包的控制信息。

检测引擎支持多种协议和应用程序，并可以方便地实现应用和服务的扩充。当用户访问请求到达网关操作系统前，检测引擎通过状态监视器收集有关状态信息，结合网络配置和安全规则做出接纳、拒绝、身份认证和报警等处理动作。一旦有某个访问违反了安全规则，该访问就会被拒绝，记录并报告有关状态信息。

状态检测防火墙试图跟踪通过防火墙的网络连接和数据包，这样防火墙就可以使用一组附加的标准，以确定是否允许和拒绝通信。

在包过滤防火墙中，所有数据包都被认为是孤立存在的，不关心数据包的历史和未来，数据包的允许和拒绝的决定完全取决于包自身所包含的信息，如源地址、目的地址和端口号等。状态检测防火墙跟踪的则不仅仅是数据包所包含的信息，还包括数据包的状态信息。为了跟踪数据包的状态，状态检测防火墙还记录有用的信息以帮助识别包，如已有的网络连接、数据的传出请求等。

状态检测技术采用的是一种基于连接的状态检测机制，将属于同一连接的所有包作为

一个整体的数据流看待，构成连接状态表，通过规则表与状态表的配合，对表中的各个连接状态因素加以识别。

2. 状态检测技术跟踪连接状态的方式

状态检测技术跟踪连接状态的方式取决于数据包的协议类型。

(1) TCP 包

当建立起一个 TCP 连接时，通过的第一个包被标记上包的 SYN 标志。通常情况下，防火墙丢弃所有外部的连接企图，除非已经建立起某条特定规则来处理它们。对内部主机试图连接到外部主机的数据包，防火墙标记该连接包，允许响应及随后在两个系统之间的数据包通过，直到连接结束为止。在这种方式下，传入的包只有在它是响应一个已经建立的连接时，才允许通过。

(2) UDP 包

UDP 包比 TCP 包简单，因为它们不包含任何连接或序列信息。它们只包含源地址、目的地址、校验和携带的数据。这种信息的缺乏使得防火墙确定包的合法性很困难，因为没有打开的连接可以利用，以测试传输的包是否应被允许通过。如果防火墙跟踪包的状态，就可以确定。对传入的包，若它所使用的地址和 UDP 包携带的协议与传出的连接请求匹配，该包就被允许通过。与 TCP 包一样，没有传入的 UDP 包会被允许通过，除非它是响应传出的请求或已经建立了制定的规则来处理它。对其他类型的包，情况与 UDP 包类似。防火墙仔细地跟踪传出的请求，记录下所使用的地址、协议和包的类型，然后对照保存过的信息核对传入的包，以确保这些包是被请求的。

3. 状态检测防火墙的特点

状态检测防火墙结合了包过滤防火墙和代理防火墙的优点，克服了两者的不足，能够根据协议、端口以及源地址和目的地址等信息决定数据包是否被允许通过。状态检测防火墙具有以下优点。

(1) 高安全性

状态检测防火墙工作在数据链路层和网络层之间，因为数据链路层是网卡工作的真正位置，网络层是协议栈的第一层，这样防火墙就能确保截取和检查

所有通过网络的所有原始数据包。

(2) 高效性

状态检测防火墙工作在协议栈较低层,通过防火墙的数据包都在低层处理,不需要协议栈上层处理任何数据包,这样就减少了高层协议的开销,使执行效率提高了很多。

(3) 可伸缩性和易扩展性

状态检测防火墙不像代理防火墙那样,每个应用对应一个服务程序,这样所能提供的服务是有限的。状态检测防火墙不区分具体的应用,只是根据从数据包中提取的信息、对应的安全策略及过滤规则处理数据包。当有一个新的应用时,它能动态产生新规则,而不用另写代码。

(4) 应用范围广

状态检测防火墙不仅支持基于 TCP 的应用,还支持无连接的应用,如 RPC 和 UDP 的应用。对无连接协议,包过滤防火墙和应用代理防火墙要么不支持,要么开放一个大范围的 UDP 端口,这样就会暴露内部网,降低安全性。

在带来高安全性的同时,状态检测技术也存在着不足,主要体现在对大量状态信息的处理过程可能会造成网络连接的某种迟滞,特别是在同时有许多连接激活时,或者有大量的过滤网络通信规则存在时。不过随着硬件处理能力的不断提高,这个问题会变得越来越不重要。

(四) NAT 防火墙

1. NAT 防火墙简介

网络地址转换 (Network Address Translation, NAT) 是一个 Internet 工程任务组 (Internet Engineering Task Force, IETF) 的标准中的一项技术,允许一个整体机构以一个公用 IP 地址出现在因特网上。顾名思义,它是一种把内部私有 IP 地址翻译成合法网络 IP 地址的技术。

简单地说,NAT 就是在局域网内部网络中使用内部地址,而当内部节点要与外部网络进行通信时,就在网关处将内部地址替换成公用地址,从而保证内部计算机在外部公网上可以正常使用。NAT 可以使多台计算机共享因特网的连接,这一功能很好地解决了公共 IP 地址紧缺的问题。通过这种方法,可以只申请一个合法 IP 地址,就把整个局域网中的计算机接入因特网。这时,NAT 屏蔽了内部网络,所有内部网络计算机对于公共网络来说是不可见的,而内部网络计算机用户通常不会意识到 NAT 的存在。

2. NAT 防火墙的类型

NAT 有 3 种类型:静态 NAT (Static NAT)、动态 NAT (Pooled NAT) 和网络地址端口转换 NAPT (Port-Level NAT)。

静态 NAT 是设置起来最简单和最容易实现的一种，内部网络中的每个主机都被永久地映射成外部网络中的某个合法地址。而动态 NAT 则是在外部网络中定义了一系列的合法地址，采用动态分配的方法映射到内部网络。NAPT 则是把内部地址映射到外部网络的一个 IP 地址的不同端口上。根据不同需要，3 种 NAT 方案各有利弊。

动态 NAT 只是转换 IP 地址，它为每个内部的 IP 地址分配一个临时的外部 IP 地址，主要用于拨号，对于频繁的远程连接，也可以采用动态 NAT。当远程用户连接上之后，动态 NAT 就会分配给它一个 IP 地址，当用户断开网络连接时，这个 IP 地址就会被释放而留待以后使用。

网络地址端口转换 NAPT 是人们比较熟悉的一种转换方式。NAPT 普遍应用于接入设备中，它可以将中小型的网络隐藏在一个合法的 IP 地址后面。NAPT 与动态 NAT 不同，它将内部连接映射到外部网络中的一个单独的 IP 地址上，同时在该地址上加上一个由 NAT 设备选定的 TCP 端口号。

在互联网中使用 NAPT 时，所有不同的信息流看起来好像来源于同一个 IP 地址。这个优点在小型办公室内非常实用，通过从 ISP 处申请的一个 IP 地址，将多个连接通过 NAPT 接入互联网。

3. NAT 防火墙的优缺点

（1）NAT 技术的优点

所有内部 IP 地址对外面的人来说都是隐藏的。因此，网络之外不可能通过指定 IP 地址的方式直接对网络内部的任何一台特定计算机发起攻击。

如果因为某种原因使公共 IP 地址资源比较短缺，NAT 技术可以使整个内部网络共享一个 IP 地址。

可以启用基本的包过滤防火墙安全机制，因为所有传入的数据包如果没有专门指定配置到 NAT，那么就会被丢弃。内部网络的计算机就不可能直接访问外部网络。

（2）NAT 技术的缺点

NAT 技术的缺点和包过滤防火墙的缺点类似，虽然可以保障内部网络的安全，但也存在一些类似的局限。

①不能处理嵌入式 IP 地址或端口

NAT 设备不能翻译那些嵌入到应用数据部分的 IP 地址或端口信息，而只能翻译那种正常位于 IP 首部中的地址信息和位于 TCP/UDP 首部中的端口信息。由于对方会使用接收到的数据包中嵌入的地址和端口进行通信，这样就可能产生连接故障，如果通信双方使用的都是公网 IP，则不会造成什么问题，但如果那个嵌入式地址和端口是内网的，显然连接就不可能成功。

②不能从公网访问内部网络服务

由于内网是私有 IP，因此不能直接从公网访问内部网络服务，如 Web 服务。

③地址转换将增加交换延迟

所有进出网络的数据包都要经过 NAT 地址转换以后才能进行收发，从而不可避免地会导致数据交换的瓶颈。

④会导致某些应用程序无法正常运行

有些应用程序虽然是用 A 端口发送数据的，但要用 B 端口进行接收。不过，NAT 设备在翻译时却不知道这一点，它仍然会建立一条针对 A 端口的映射，但当对方响应的数据要传给 B 端口时，NAT 设备却找不到相关映射条目而会丢弃数据包。另外，一些 P2P 应用在 NAT 环境中无法建立连接。对于那些没有中间服务器的纯 P2P 应用（如电视会议、娱乐等），如果大家都位于 NAT 设备之后，双方是无法建立连接的。因为没有中间服务器的中转，NAT 设备后的 P2P 程序在 NAT 设备上是不会有映射条目的，也就是说对方是不能向你发起一个连接的。现在已经有一种称为 P2P NAT 穿越的技术可以解决这个问题。

此外，内部网络利用现在流传比较广泛的木马程序可以通过 NAT 进行外部连接，就像它可以穿过包过滤防火墙一样容易。

第三节 计算机病毒防治技术

一、计算机病毒概述

（一）计算机病毒定义

计算机病毒是一个程序，一段可执行代码。就像生物病毒一样，计算机病毒有独特的复制能力，它们能把自身附着在各种类型的文件上。当感染病毒的文件被复制或从一个介质传到另一个介质时，它们就随着该文件一起被复制或传送，同时蔓延开来。

（二）计算机病毒的危害

在计算机病毒出现的初期，提到计算机病毒的危害，往往注重于计算机病毒对信息系统的直接破坏作用，如格式化硬盘、删除数据文件等，并以此来区分良性病毒和恶性病毒。其实这些只是计算机病毒危害的一部分。计算机病毒的危害主要表现在以下几个方面。

1. 占用磁盘空间，直接破坏计算机数据信息

寄生在磁盘上的病毒总要非法占用一部分磁盘空间。引导型病毒一般是由病毒本身占据磁盘引导扇区，从而把原来的引导区的内容转移到其他扇区，被覆盖的扇区数据将丢失，无法恢复。文件型病毒利用操作系统某些功能来检测出磁盘中的未用空间，把病毒的传染部分写到磁盘的未用部位。所以在传染过程中一般不破坏磁盘上的原有数据，但非法侵占了磁盘空间。有些文件型病毒传染速度很快，能在短时间内感染大量文件，每个文件都不同程度地加长了，造成磁盘空间的严重浪费。大部分病毒在激发的时候直接破坏计算机中的重要数据，所利用的手段有格式化磁盘、改写文件分配表和目录区、删除重要文件，或者用无意义的垃圾数据改写文件、破坏CMOS设置等。

2. 抢占系统资源，干扰系统的正常运行

大多数病毒在活动状态下都是驻留内存的，这就必然抢占部分系统资源。病毒抢占内存会导致内存减少，一部分软件不能运行。

病毒不仅占用内存，同时也占用CPU资源。病毒为了判断传染激发条件，总要对计算机的工作状态进行监视。有些病毒不仅对磁盘上的病毒加密，还会对进驻内存后的病毒也进行加密，当CPU每次寻址到病毒处时，都要运行解密程序把病毒解密成合法的CPU指令后再执行，运行结束时同样需要运行加密程序对病毒重新加密。这样CPU将额外执行数千条甚至上万条指令。

3. 计算机病毒错误与不可预见的危害

计算机病毒与其他软件的一个大的差别是计算机病毒的无责任性。编制一个完善的计算机软件需要耗费大量的人力、物力，经过长时间的调试和完善，软件才能推出。而在计算机病毒编制者看来既没必要这样做，也不可能这样做，因此很多计算机病毒都是个别人在一台计算机上匆匆编制调试后就向外抛出。反病毒专家在分析大量病毒后，发现绝大多数病毒都存在不同程度的错误。有些初学者尚不具备独立编制软件的能力，他们往往是出于好奇或其他原因，修改别人的病毒，造成错误。计算机病毒错误所产生的后果往往是不可预见的。另外，计算机病毒在编制的过程中很少考虑兼容性的问题，因此感染计算机病毒的计算机常常会因为兼容性的错误导致系统死机。

4. 计算机病毒给用户造成严重的心理压力

由于计算机病毒横行的案例不计其数，使得许多用户在当自己的计算机运行出现异常情况，如死机、软件运行速度慢、开机速度慢等现象时，大多数用户的第一反应就是怀疑自己的计算机感染病毒。的确这些现象很有可能是计算机病毒造成的，但是也有可能是其他原因造成的。出于对病毒的恐惧，许多用户往往会采取措施来"杀毒"，这就需要付出时间、金钱等方面的代价。某些

用户仅仅怀疑感染病毒而采取格式化磁盘的方式所带来的损失更是难以弥补。另外，在一些大型网络系统中也难免为检测病毒而停机。总之计算机病毒给人们造成巨大的心理压力，极大地影响了现代计算机的使用效率，由此带来的无形损失是难以估量的。

（三）计算机病毒的特征与分类

1. 计算机病毒的特征

计算机病毒是一种特殊程序，这类程序的主要包括以下几个特征。

（1）非法性

在正常情况下，当计算机用户调用执行一个合法程序时，会把系统控制权交给这个程序，并给其分配相应的系统资源，如内存。从而使之能够运行以达到用户的目的，程序执行的过程对用户是可知的，因此，这种程序是"合法"的。

而计算机病毒是非法程序，计算机用户不会明知是病毒程序而故意去执行它。但由于计算机病毒具有正常程序的一切特性，它会将自己隐藏在合法的程序或数据中，当用户运行正常合法程序或调用正常数据时，病毒伺机窃取到系统的控制权，得以抢先运行，然而此时用户还认为在执行正常程序。由此可见，病毒的行为都是在未获得计算机用户的允许下"悄悄"进行的，而病毒所进行的操作，绝大多数都是违背用户意愿和利益的。从这种意义上来讲，计算机病毒具有"非法性"。

例如木马病毒，有些木马病毒会将自己加载到启动项中，用户每一次启动计算机或运行某些常用程序时都会"顺便"激活病毒，一般的计算机使用者很难察觉。

（2）可执行性

计算机病毒与其他合法程序一样，是一段可执行程序，但它不是一个完整的程序，而是寄生在其他可执行程序上，因此它享有一切程序所能得到的权力。在病毒运行时，与合法程序争夺系统的控制权。

计算机病毒只有当它在计算机内得以运行时，才具有传染性和破坏性等活性，也就是说计算机CPU的控制权是关键问题。若计算机在正常程序控制下运行，而不运行带病毒的程序，则这台计算机总是可靠的。在这台计算机上可以查看病毒文件的名字，查看计算机病毒的代码，打印病毒的代码，甚至复制病毒程序，却都不会感染上病毒。反病毒技术人员整天就是在这样的环境下工作，他们的计算机虽也存有各种计算机病毒的代码，但已置这些病毒于控制之下，计算机不会运行病毒程序，整个系统是安全的。相反，计算机病毒一经在计算机上运行，就会造成在同一台计算机内病毒程序与正常系统程序，或某种病毒与其他病毒程序争夺系统控制权从而导致系统崩溃，最终使得计算机系统瘫痪。

（3）传染性

计算机病毒会通过各种渠道从已被感染的计算机扩散到未被感染的计算机，造成被感染的计算机工作失常甚至瘫痪。与生物病毒不同的是，计算机病毒代码一旦进入计算机并执行，它就会搜寻其他符合传染条件的程序或存储介质，确定目标后再将自身代码插入其中，达到自我繁殖的目的。

计算机病毒可以通过各种可能的渠道，如软盘、计算机网络去传染其他的计算机，是否具有传染性是判别一个程序是否为计算机病毒的最重要条件。

病毒具有正常程序的一切特性，它隐藏在正常程序中，当用户调用正常程序时，病毒窃取到系统的控制权，先于正常程序执行，病毒的动作、目的对用户是未知的，是未经用户允许的。

（4）隐藏性

隐藏性是计算机病毒最基本的特征，计算机病毒是"非法的"程序，不可能正大光明地运行。换句话说，如果计算机病毒不具备隐藏性，也就失去了"生命力"，从而也就不能达到其传播和破坏的目的。另一方面，经过伪装的病毒还可能被用户当作正常的程序运行，这也是触发病毒的一种手段。

从病毒程序本身来讲，计算机病毒是一种具有很高编程技巧、短小精悍的可执行程序。一般只有几百字节或几千字节，而 PC 对 DOS 文件的存取速度可达每秒几百千字节以上，所以病毒转瞬之间便可将这短短的几百字节附着到正常程序之中，使之很难被察觉，从而更好地隐藏自己。

从病毒隐藏的位置来看，有些病毒将自己隐藏在磁盘上被标为坏簇的扇区中，以及一些空闲概率较大的扇区中；也有个别的病毒以隐含文件的形式存在；还有一种比较常见的隐藏方式是将病毒文件放在 Windows 系统目录下，并将文件命名为类似 Windows 系统文件的名称，使对计算机操作系统不熟悉的人不敢轻易删除它。

不同类型病毒的隐藏方式也是多种多样的。引导型病毒通常将自己隐藏在引导扇区中，在系统启动前就会发作。一些蠕虫病毒非常注重隐藏和伪装自己，例如某些通过邮件传播的蠕虫病毒，不但伪造邮件的主题和正文，还会利用社会工程学知识引诱用户打开邮件，并且可以使用双扩展名的病毒文件作为附件，例如将病毒体命名为 ABC.jpg.exe，使用户以为病毒是一个图形文件，从而丧失警惕。还有些病毒借助系统的漏洞传播，利用漏洞来隐藏和传播病毒体，如果用户没有对操作系统添加或安装相应的补丁程序，病毒便无法被彻底清除。

如果用户不进行代码分析,很难区分病毒程序与正常程序。一般在没有防护措施的情况下,计算机病毒程序取得系统控制权后,可以在很短的时间里传染大量程序。而且受到传染后,计算机系统通常仍能正常运行,用户不会感到任何异常。总之,病毒会使用更巧妙的方法隐藏自己,使之不容易被发现。正是由于具有隐蔽性,计算机病毒得以在用户没有察觉的情况下扩散到上百万台计算机中。计算机用户如果掌握了这些病毒的隐藏方式,加强对日常文件的管理,计算机病毒便无处藏身了。

(5) 潜伏性

一个编制精巧的计算机病毒程序,进入系统之后一般不会马上发作,可以在几周或者几个月内甚至几年内隐藏在合法文件中,对其他系统进行传染,而不被人发现。潜伏性愈好,其在系统中的存在时间就会愈长,病毒的传染范围就会愈大。潜伏性的第一种表现是指,病毒程序不用专用检测程序是检查不出来的,因此病毒可以静静地躲在磁盘里待上几天,甚至几年,一旦时机成熟,得到运行机会,就四处繁殖、扩散。潜伏性的第二种表现是指,计算机病毒的内部往往有一种触发机制,不满足触发条件时,计算机病毒除了传染外不做什么破坏。触发条件一旦得到满足,有的在屏幕上显示信息、图形或特殊标识,有的则执行破坏系统的操作,如格式化磁盘、删除磁盘文件、对数据文件进行加密、封锁键盘以及使系统死锁等。

(6) 破坏性

任何病毒只要侵入系统,就会对系统及应用程序产生程度不同的影响。轻则会降低计算机工作效率,占用系统资源;重则可导致系统崩溃。根据病毒的这一特性可将病毒分为良性病毒与恶性病毒。良性病毒可能只显示些画面或无聊的语句,或者根本没有任何破坏动作,但会占用系统资源,这类病毒表现较为温和。恶性病毒则有明确的目的,或破坏数据、删除文件,或加密磁盘、格式化磁盘,甚至造成不可挽回的损失。表现和破坏是病毒的最终目的。

(7) 可触发性

计算机病毒一般都有一个或者几个触发条件,满足其触发条件或者激活病毒的传染机制就会使病毒发作或使之进行传染。激发的本质是一种条件控制,病毒体根据病毒炮制者的设定,被激活并发起攻击。病毒被激发的条件可以与多种情况联系起来,如满足特定的时间或日期,期待特定用户识别符出现,特定文件的出现或使用,一个文件使用的次数超过设定数等。

2. 计算机病毒的分类

目前全球大约有几十万种病毒,根据各种计算机病毒的特点,计算机病毒有不同的分类方法。按照不同的体系可对计算机病毒进行以下分类。

(1) 按病毒寄生方式分类

根据病毒的寄生方式，病毒可以划分为网络病毒、文件病毒、引导型病毒和混合型病毒。

①网络病毒

通过计算机网络传播感染网络中的可执行文件。

②文件病毒

感染计算机中的文件（如 DOS 下的 COM、EXE 和 Windows 的 PE 文件等）。

③引导型病毒

感染启动扇区（Boot）和硬盘的系统引导扇区（MBR）。

④混合型病毒

混合型病毒是上述 3 种情况的混合。例如，多型病毒（文件和引导型）感染文件和引导扇区两种目标，这样的病毒通常都具有复杂的算法，它们使用非常规的办法侵入系统，同时使用了加密和变形算法。

(2) 按传播媒介分类

①单机病毒

单机病毒的载体是磁盘或光盘。常见的传播途径是通过磁盘或光盘传入硬盘，感染系统后，再传染给其他磁盘或光盘，然后又感染给其他系统。

②网络病毒

网络为病毒提供了很好的传播途径。通过网络传播的病毒传染能力强，破坏力大，主要利用网络协议或命令进行传播。

(3) 按病毒破坏性分类

根据病毒破坏的能力，计算机病毒可划分为良性病毒和恶性病毒。

①良性病毒

良性病毒是不包含对计算机系统产生直接破坏作用代码的计算机病毒。这类病毒为了表现其存在，只是不停地进行传播，并不破坏计算机内的数据。但它会使系统资源急剧减少，可用空间越来越少，最终导致系统崩溃。良性病毒又可分为无危害病毒和无危险病毒。无危害病毒是指除了传染时减少磁盘的可用空间外，对系统没有其他影响；无危险病毒是指在传播过程中不仅减少内存和硬盘空间，还伴随显示图像、发出声音等。

②恶性病毒

恶性病毒是指代码中包含有损伤和破坏计算机系统的操作，在其传染激发时会对系统产生直接破坏作用的计算机病毒。例如，破坏磁盘扇区、格式化磁盘导致数据丢失等。这些代码都是刻意写进病毒的，是其本性之一。恶性病毒可分为危险型病毒和非常危险型病毒。危险型病毒是指破坏和干扰计算机系统的操作,从而造成严重的错误的病毒;非常危险型病毒主要会删除程序、破坏数据、清除系统内存和操作系统中重要的信息。

(4) 按计算机病毒的链接方式分类

由于计算机病毒本身必须有一个攻击对象才能实现对计算机系统的攻击,并且计算机病毒所攻击的对象是计算机系统可执行的部分。因此,根据链接方式计算机病毒可分为源码型病毒、嵌入型病毒、外壳型病毒、译码型病毒、操作系统型病毒。

①源码型病毒

该病毒攻击高级语言编写的程序,在高级语言所编写的程序编译前插入源程序中,经编译成为合法程序的一部分。

②嵌入型病毒

这种病毒是将自身嵌入到现有程序中,把计算机病毒的主体程序与其攻击的对象以插入的方式链接;这种计算机病毒是难以编写的,一旦侵入程序体后也较难消除。如果同时采用多态性病毒技术、超级病毒技术和隐蔽性病毒技术,将给当前的反病毒技术带来严峻的挑战。

③外壳型病毒

外壳型病毒将其自身包围在主程序的四周,对原来的程序不做修改。这种病毒最为常见,易于编写,也易于发现,一般测试文件的大小即可察觉。

④译码型病毒

隐藏在微软 Office、AmiPro 文档中,如宏病毒、脚本病毒等。

⑤操作系统型病毒

这种病毒用自身的程序加入或取代部分操作系统进行工作,具有很强的破坏力,可以导致整个系统的瘫痪。

这种病毒在运行时,用自己的逻辑部分取代操作系统的合法程序模块,根据病毒自身的特点和被替代的合法程序模块在操作系统中运行的地位与作用,以及病毒取代操作系统的取代方式等,对操作系统进行破坏。

(5) 按病毒攻击的操作系统分类

根据病毒的攻击目标,计算机病毒可以分为 DOS 病毒、Windows 病毒和其他系统病毒。

①DOS 病毒

DOS 病毒是针对 DOS 操作系统开发的病毒。目前几乎没有新制作的 DOS 病毒,由于 Windows 病毒的出现,DOS 病毒几乎绝迹。但 DOS 病毒在 Windows 环境中仍可以进行感染活动,因此若执行染毒文件,Windows 用户的系统也会被感染。通常使用杀毒软件能够查杀的病毒中一半以上都属于DOS病毒，可见DOS时代DOS病毒的泛滥程度。但这些众多的病毒中除了少数几个让用户胆战心惊的病毒之外，大部分病毒都只是制作者出于好奇或对公开代码进行一定变形而制作的病毒。

②Windows病毒

主要指针对Windows操作系统的病毒。现在的计算机用户一般都安装Windows系统，Windows病毒一般感染Windows系统，其中最典型的病毒有CIH病毒、宏病毒等。一些Windows病毒不仅在早期的Windows操作系统上正常感染，还可以感染Windows NT上的其他文件。

③其他系统病毒

主要攻击Linux、UNIX、OS2、Macintosh、嵌入式系统的病毒，以及最近出现的IOS/Android系统病毒。由于系统本身的复杂性，这类病毒数量不是很多，但对于当前的信息处理也产生了严重的威胁。

(6) 按病毒的攻击类型分类

按计算机病毒攻击的机器类型可将病毒分为攻击微型机的计算机病毒、攻击小型机的计算机病毒和攻击工作站的计算机病毒。其中攻击微型机的计算机病毒是最为庞大的病毒家族。

由于小型机的应用极为广泛，既可以作为网络中的一个节点机，又可以作为小型计算机网络的主机。一般来说，小型机的操作系统比较复杂，而且小型机都采取了一定的安全保护措施，人们认为计算机病毒只有在微型机上才能发生而小型机不会受到侵扰，但蠕虫病毒对Internet的攻击改变了病毒只攻击微型机的传统观念。

二、计算机病毒制作与反病毒技术

(一) 计算机病毒制作技术

1. 采用自加密技术

计算机病毒采用自加密技术就是为了防止被计算机病毒检测程序扫描出来，并被轻易地反汇编。计算机病毒使用加密技术后，给分析和破译计算机病毒的代码及清除病毒等工作增加了难度。

2. 采用特殊的隐形技术

当计算机病毒采用特殊的隐形技术后，可以在计算机病毒进入内存后，使计算机用户几乎感觉不到它的存在。采用这种"隐形"技术的计算机病毒可以有以下几种表现形式。

(1) 这种计算机病毒进入内存后，用户不用专门的软件或专门手段去检查，几乎觉察不到病毒驻留内存而引起内存可用容量的减少。

（2）计算机病毒感染正常文件以后，该文件的日期、时间和文件长度等信息不发生变化。

（3）计算机病毒在内存中时，若查看计算机病毒感染的文件，根本看不到计算机病毒的程序代码，只能看到原正常文件的程序代码。

（4）计算机病毒在内存中时，若查看被感染的引导扇区，只会看到正常的引导扇区，而看不到实际上处于引导扇区位置的计算机病毒程序。

（5）计算机病毒在内存中时，计算机病毒防范程序和其他工具程序检查不出中断向量已经被计算机病毒所接管，但实际上计算机病毒代码已链接到系统的中断服务程序中了。

3. 对抗计算机病毒防范系统

计算机病毒采用对抗计算机病毒防范系统技术时，当发现磁盘中某些著名的杀毒软件或在文件中查到出版这些软件的公司名，就会删除这些杀毒软件或文件，造成杀毒软件失效，甚至引起系统崩溃。

4. 反跟踪技术

跟踪技术是利用 Debug、SoftICE 等专用程序调试软件对病毒代码执行过程进行跟踪，以达到分析病毒和杀毒的目的。计算机病毒采用反跟踪技术的主要目的是提高计算机病毒程序的防破译和防伪能力。常规程序使用的反跟踪技术在计算机病毒程序中都可以利用，如将堆栈指针指向中断向量表中的 INT 0~INT 3 区域，以阻止用户利用 SoftICE 等调试软件对病毒代码进行跟踪。

（二）病毒的检测

在与病毒的对抗中，尽早发现病毒十分重要，早发现，早处置，可以减少损失。病毒检测就是采用各种检测方法将病毒识别出来。识别病毒包括对已知病毒的识别和对未知病毒的识别。

1. 特征代码法

特征代码技术是根据病毒程序的特征，如感染标记、特征程序段内容、文件长度变化、文件校验和变化等对病毒进行分类处理，而后在程序运行中凡有类似的特征点出现，则认定是病毒。这是早期病毒检测技术的主要方法，也是大多数反病毒软件的静态扫描方法。一般认为，特征代码法是检测已知病毒的最简单、开销最小的方法。

特征代码法的工作原理是对每种病毒样本抽取特征代码，根据该特征代码进行病毒检测。主要依据原则为：抽取的代码比较特殊，不大可能与普通正常程序代码吻合。抽取的代码要有适当的长度，一方面维持特征代码的唯一性，也就是说一定要具有代表性，使用所选的特征代码都能够正确地检查出它所代表的病毒。如果病毒特征代码选择得不准确，就会带来误报（发现的不是病毒）或漏报（真正病毒没有发现）。另一方面不要有太大的时间和空间的开销。一般是在保持唯一性的前提下，尽量使特征代码长度短些，以减少时间和空间的开销。用每一种病毒代码中含有的特定字符或字符串对被检测的对象进行扫描，如果在被检测对象内部发现某种特定字符或字符串，则表明发现了该字符或字符串代表的病毒。感染标记就是一种识别病毒的特定字符。实现这种扫描的软件称为特征扫描器。根据特征代码法的工作原理，特征扫描器由病毒特征代码库和扫描引擎两部分组成。病毒特征代码库包含了经过特别选定的各种病毒的反映其特征的字符或字符串。扫描引擎利用病毒特征代码库对检测对象进行匹配性扫描，一旦有匹配便发出报警。显然，病毒特征代码库中的病毒特征代码越多，扫描引擎能识别的病毒也就越多。

特征代码法的优点是检测速度快，误报警率低，能够准确地查出病毒并确定病毒的种类和名称，为消除病毒提供确切的信息。缺点是不能检测出未知病毒、变种病毒和隐蔽性病毒，需要定期更新病毒资料库，因此，这种方法具有滞后性，同时，搜集已知病毒的特征代码的费用开销大。

2. 校验和法

校验和法的工作原理是计算正常文件内容的校验和，将该校验和写入文件中或写入别的文件中保存。在文件使用过程中，定期地或每次使用文件前，检查文件当前内容算出的校验和与原来保存的校验和是否一致，如果不一致便发出染毒报警。运用校验和法检测病毒一般采用以下3种方式。

（1）在检测病毒工具中纳入校验和法，对被查对象文件计算其正常状态的校验和，将校验和值写入被查文件中或检测工具中，然后进行比较。

（2）在应用程序中放入校验和自动检查功能，将文件正常状态的校验和写入文件本身中，每当应用程序启动时，比较当前校验和与原校验和的值，实现应用程序的自检测。

（3）将校验和检查程序常驻内存，每当应用程序开始运行时，自动比较检查应用程序内容或别的文件中预先保存的校验和。

校验和法既能发现已知病毒，也能发现未知病毒，但是，它不能识别病毒种类，不能报出病毒名称。由于病毒感染并非文件内容改变的唯一性原因，文件内容的改变有可能是正常程序引起的，如软件版本更新、变更口令及修改运行参数等，因此校验和法常常有虚假报警，而且此法也会影响文件的运行速度。另外，校验和法对某些隐蔽性极好的病毒无效。这种病毒进驻内存后，会自动剥去染毒程序中的病毒代码，使校验和法受骗，对一个有毒文件算出正常校验和。因此，校验和法的优点是方法简单，能发现未知病毒与被查文件的细微变化；其缺点是必须预先记录正常状态的校验和，会有虚假报警，不能识别病毒名称、不能对付某些隐蔽性极好的病毒。

3. 行为监测法

行为监测法是常用的行为判定技术，其工作原理是利用病毒的特有行为特征进行检测，一旦发现病毒行为则立即报警。经过对病毒多年的观察和研究，人们发现病毒的一些行为是病毒共有的，而且比较特殊。在正常程序中，这些行为比较罕见，如一般引导型病毒都会占用 INT 13H；病毒常驻内存后，为防止操作系统将其覆盖，必须修改系统内存总量；对 COM、EXE 文件必须执行写入操作；染毒程度运行时，先运行病毒，后执行宿主程序，两者切换等许多特征行为。行为监测法就是引入一些人工智能技术，通过分析检查对象的逻辑结构，将其分为多个模块，分别引入虚拟机中执行并监测，从而查出使用特定触发条件的病毒。

行为监测法的优点在于不仅可以发现已知病毒，而且可以相当准确地预报多数未知的病毒。但它也有其缺点，即可能虚假报警和不能识别病毒名称，而且实现起来有一定难度。

4. 软件模拟法

变种病毒每次感染都变化其病毒代码，对付这种病毒，特征代码法会失效，因为变种病毒代码实施密码化，而且每次所用的密钥不同，把染毒的代码相互比较也无法找出相同的可能作为特征的稳定代码。虽然行为监测法可以检测出变种病毒，但在检测出病毒后，因为病毒的种类不知道，也无法对其做杀毒处理。

软件模拟法是新的病毒检测工具之一。该工具开始运行时，使用特征代码法检测病毒，如果发现有隐蔽性病毒或变种病毒的嫌疑时，启动软件模拟模块。软件模拟法模拟 CPU 的执行，在其设计的虚拟机下执行病毒的变体引擎解码程序，安全地将变种病毒解开，监视病毒的运行，使其露出本来的面目，再加以扫描。待病毒自身的密码译码以后，再运用特征代码法来识别病毒的种类。

总体来说，特征代码法查杀已知病毒比较安全彻底，实施比较简单，常用于静态扫描模块中；其他几种方法适用于查杀未知病毒和变种病毒，但误报率高，实施难度大，在常驻内存的动态监测模块中发挥重要作用。

（三）病毒的预防与清除

事先预防病毒的入侵是阻止病毒攻击和破坏的最有效手段，主要的病毒预防措施有以下几方面。

1. 安全地启动计算机系统

在保证硬盘无毒的情况下,尽量使用硬盘引导系统。启动前,一般应将软盘或 U 盘从驱动器中取出,这是因为即使在不通过软盘或 U 盘启动的情况下,只要在启动时读过软盘或 U 盘,病毒也有可能进入内存。

2. 安全使用计算机系统

在自己的计算机上使用别人的 U 盘前应先进行检查,在别人的计算机上使用过曾打开的写保护的软盘或 U 盘,再在自己的计算机上使用之前,也应进行病毒检测。对重点保护的计算机系统应做到专机、专盘、专人、专用,封闭的使用环境中是不会产生病毒的。

3. 备份重要的数据

硬盘分区表、引导扇区等关键数据应做备份妥善保管,在进行系统维护和修复时可做参考。重要数据文件要定期做备份,如果硬盘资料已遭破坏,不必急着格式化,可以利用灾后重建的反病毒程序加以分析、重建,可能会恢复被破坏的文件资料。

4. 谨慎下载文件

不要随便直接运行或打开电子邮件中的附件,不要随意下载软件,对于新软件应主动检查,这样可以过滤掉大部分病毒。对于一些可执行文件或 Office 文档,即使不是不明文件,下载后也要先用最新的反病毒软件来检查。

5. 留意计算机系统的异常

当计算机系统出现异常,如屏幕显示异常、出现不明的声音、不执行命令、自动重启、内存异常、速度变慢、文件长度改变等都表示可能存在病毒。

(四)计算机防毒杀毒软件

病毒种类繁多,并且在不断地改进自身的源代码,随之出现更多新的病毒或以前病毒的变种。因此,各种各样的防毒和杀毒软件应运而生。

1. 防毒软件

防病毒软件可以检测外来的程序、文件或邮件附件,并给出实时警告或删除病毒。不同的防毒软件的保护机制各不相同,在安装时往往被设定为默认模式。在使用过程中,如果仅仅保留默认设置,或者为了提升系统性能减少了一部分保护功能,则系统很可能在某些关键时刻丧失保护。所以针对不同的防毒软件的设计思路要对其进行不同的设置,以更好地保护系统安全。

2. 杀毒软件

随着计算机技术及反毒技术的发展,早期的防病毒卡也像其他计算机硬件卡(如汉字卡等)一样,已经衰落甚至退出市场,与此对应的,各种反病毒软件开始日益风行起来,并且经过几十年的发展,逐步经历了好几代反病毒技术的发展。

第五章　计算机网络技术发展

第一节　VR 技术

一、VR 技术的媒体适应性

（一）VR 技术特性

VR 最大的特色就是用户可以沉浸于这个虚拟环境。通过佩戴专门的 VR 眼镜或者头盔等设备，体验一种仿佛置身于现场的感觉，同时这种感觉没有明确的边界限制，用户甚至可以达到 360 度无死角的全景式交互输入，从而达到最大化的沉浸式体验感。

1. 沉浸性

这是 VR 技术最主要的特征，主要表现就是让用户成为这个虚拟环境的一部分，从而消除可能带来的不适应感。这种沉浸性还同时表现在系统要尽量不让用户受到虚拟环境以外的环境影响，一切以用户的实际体验感为核心，做到身临其境的感觉。

2. 交互性

主要体现在用户对所参与的模拟环境内的物体构成是否有参与度，用户的操作能否对环境本身造成影响。当用户接触到虚拟环境中的人物或者物体时，应当感觉到对方给自己一个相应的信息反馈。这种反馈应该是近乎真实的、全方面的。

3. 想象性

在真实环境中，人们可以通过有限的信息摄入进行联想和想象，从而搭建出属于自己的新的模拟环境。VR 同样可以提供这一需求，而且在原有的基础上扩宽了信息范围，使用户不仅仅局限于被动地接收信息，而且可以利用主观能动性来自主选择想要接收的信息，从而更好地新环境。

4. 自主性

从某种意义上说，VR 是"有"思想的，它会遵从虚拟环境中所构建出的属于自己的真实展现。这种展现是可以不依赖用户而独立存在的。

5. 多感知性

与其他媒体技术相比，VR 理论上应具有一切人类能够感知的感官功能。目前由于技术有限，大部分虚拟技术只包括了视觉、听觉、触觉、空间感等几种感官，其他感官功能还有待于进一步普及。

VR 技术诞生之初并不是专门为媒体传播服务的，在 20 世纪 50 年代已经出现了可以模拟多个场景的宽荧幕影片，并同时模拟味觉和触觉；随后诞生的头盔显示器使这一技术真正步入正轨。

（二）VR 技术的媒体特征

现有的媒体传播模式除了报刊、广播、电视等传统媒体，也包括网络电视、数字广播、手机终端平台等一系列新兴媒体。作为一项新兴技术，VR 自然会具有某些有别于传统媒体的特征，主要表现在以下方面。

1. 叙事报道特征

传统媒体的叙事多通过固有的文字、图片、音频和视频进行呈现，以线性叙事为主，更加注重事件的完整性、时空的连续性和内容的因果性。而 VR 新闻往往采用非线性叙事手法，不按照传统的顺序进行报道，用具有离散性、偶然性、碎片化、非固定视角的形式来从不同角度与层次推动事情的发展。从这一点上看，两者是有一定区别的。

2. 内容制作特征

传统媒体的信息生产工作主要分为两种，一种是采编分离，即采访和编辑工作是分开的，两者合作完成媒体信息的生产，对工作人员的技能要求相对单一；另一种是采编一体，即媒体信息生产过程由单一团队统一完成，工作人员既是记者，也是编辑，兼顾文字、美术、摄像等一系列工作。对于 VR 技术来说，多感知性决定了其制作团队要从技术实现、美学效果等多个角度来考虑选题，而不仅仅由新闻价值来决定。因此具有更高适应性的全媒体记者会更加符合 VR 的制作要求，这是由 VR 技术的特性决定的。

3. 关系特征

以电视媒体为例，传统的媒体信息由制作团队来选择和把控如何进行传播，而大多数受众都是间接或者被动接收信息。而 VR 新闻的受众可以借助一种自主参与选择的方式来转换接收角度，甚至可以与新闻主体进行交流，获得更为真切的体验感受，这一点是传统媒体很难达到的。

（三）VR 与媒体的适应性变革

从上面的分析可以看出，在传播环境上，现有媒体与 VR 技术具有部分的不适应性，但并不是绝对化的。这种差异既是理念上的，也是技术上的。那么如果想让现有媒体与 VR 发生决定性的"化学反应"，就需要从现有模式上进行变革。

1. VR 对于媒体领域的适应性调整

沉浸式体验让用户成为新闻现场的参与者，给用户带来了极大的自主权，让新闻的互动感更加强烈，这都是 VR 技术的优势所在。然而这同样带来了新闻真实与客观的界限模糊，使媒体本该具有的舆论引导作用减少，同时由于技术限制，VR 题材范围往往局限在那些富有视觉冲击力的场景，比如军事、灾难、综艺节目等，使新闻本身应有的价值观弱化，最终成为娱乐至上的消遣工具。

面对存在的诸多问题，要从根本上解决还需要时间。目前最有可能突破的方向是扩宽 VR 的业务范围，针对内容进行创新，提高新闻价值，例如针对人民群众喜闻乐见的医疗、教育等资源进行深度挖掘，开发社区内容，让居民足不出户就可以感受到便利，从而真正地发挥出自己的优势所在。有了广大的用户群众基础，VR 技术才能发挥出应有的价值。

2. 媒体对 VR 技术的适应性调整

面对新的世纪，数字新媒体已经成为不可逆转的趋势，传统媒体如果不能跟上时代的发展，就可能被时代淘汰。因此，媒体的自主适应变革是一件十分具有积极意义的工作，作为时代前沿的 VR 技术自然而然成为适应性变革的对标物。

为此，各种媒体都做出了自己的积极响应，例如很多体育项目就很适合进行 VR 直播，媒体应该增设专门的 VR 频道，制作 VR 相关内容，使观众能够得到身临其境的现场感受，从而让 VR 的渠道变得更加广泛；同时调整自己的思想认识，联合各大厂商正确认识 VR 技术与媒体的关系，更加理性地面对 VR 技术带来的变化，建立培养相关技术人才的机制，及时制定相应的技术标准，为 VR 用户提供更加便利的视听服务。

信息技术高速发展的今天，人们的思维模式时时刻刻都在发生变化，每一项新技术的诞生都将可能为未来的世界带来深远的影响。变革是富有挑战性的，然而不进行变革就无法跟上时代的发展，可以说面对瞬息万变的世界，无论是 VR 技术还是媒体市场，双方做出双向性的应对调整是必然选择，从而最终达到强强联手的双赢结局。

二、VR 技术的应用现状

在我国科学技术飞速发展下，我国各行各业也呈现出良好的发展态势。目前 VR 技术在我国各行业中得到了广泛应用，并呈现出良好的应用效果。本节将分别从 VR 技术现状研究、VR 技术原理与应用、VR 技术的发展趋势、促进 VR 技术应用的有效对策四个方面进行阐述。

（一）VR 技术现状研究

在科学技术飞速发展下，VR 技术横空出世。该技术集多种技术于一体，将各技术优势发挥出来，关于该技术的发展应追溯到 20 世纪 50 年代，在科技高速发展的美国，通过计算机技术与传感器技术的融合营造出虚拟环境，使人们感觉置身其中。据研究，VR 技术集显示技术、计算机仿真技术、计算机图形技术，确保人机互动的实现。由于虚拟现实技术具有效能高、成本低、传输快等特点，受到了社会的广泛关注，具有良好的发展前景。

目前许多国家对虚拟现实技术越来越重视，并将其应用到各个行业中，经研究发现虚拟现实技术最初起源于美国，在卫星、航空等领域中发挥出作用。随后虚拟现实技术在英国、日本等国家也有所运用，尤其是日本，对该技术展开了深入研究，并开发出一套神经网络姿势识别系统，与此同时开发出嗅觉模拟器。这一举措是虚拟现实技术的重要突破。

受科技水平的影响，虚拟现实技术于 80 年代末才被投入使用，与美国、英国等国家相比存在明显滞后性，我国诸多高校就虚拟现实技术展开了研究。例如：西安交通大学对显示技术进行了深入研究，通过该技术可提升解压速度。

发展历程：

虚拟现实技术的发展经历了四个阶段，逐渐发展为成熟阶段，详情如下。

第一阶段。虚拟现实技术第一阶段是指该技术形成的前身。实际上在我国古代就出现了仿真技术的雏形，例如风筝，风筝这一工具对人与自然互动场景进行了模拟，为飞行器的产生奠定了基础。在这种情况下西方人根据风筝原理研制了飞机，使用户感受到乘坐飞机的感觉。

第二阶段。随后虚拟现实技术逐渐迈入萌芽阶段，这一阶段重要的标志为 Ivan Sutherlan 研制的头盔显示器 HMD，该设备的出现标志着虚拟现实技术正式面向市场，为后期的发展及完善奠定基础。

第三阶段。随着时代的发展虚拟现实技术逐渐迈向初步阶段，这一阶段的重要标志为 VIDEOPLACE 系统以及 VIEW 系统，应用以上系统能构建出虚拟环境。

第四阶段。第四个阶段为技术完善及应用阶段，在医学、航空、科研及军事等领域得以应用。

（二）VR技术原理与应用

原理。虚拟现实技术是多种技术的融合技术，其中包括计算图形技术、人机交互技术、人工智能技术以及传感技术，将各种技术集中在一起可对虚拟环境进行创设，从而形成触感、视觉、听觉、嗅觉等感受。

应用。从实际情况来看虚拟现实技术在我国许多行业中均发挥出重要作用，例如：房地产行业。将VR技术运用到房地产行业可促进工作效率的提升，降低人员沟通成本，在具体实施中开发商通过VR技术可对任意图片或视频进行截取，使客户身临其境去感受，使双方达成一致，从而实现双赢。相关数据显示，房地产企业采取VR技术使购房率大大提升，呈现出显著的效果。例如：北京大钟寺国际漫游广场将虚拟现实技术运用其中，通过对虚拟环境的模拟拉近了与用户的距离。与此同时虚拟现实技术在图书馆服务中也得到了应用，使图书馆各项服务有效创新，通过虚拟现实技术可提高信息检索率，为读者提供优质的服务。另外虚拟现实技术还可与室内定位技术融合在一起实现智能导航，提高图书馆资源的使用率，帮助读者快速找到具体位置。

不仅如此VR技术在教育领域中也得到了有效应用，通过电脑对三维空间世界进行模拟，带给用户身临其境之感，当用户位置移动时电脑便可对其科学计算。虚拟现实技术通过计算机仿真技术、人工智能技术、网络处理技术、感应技术为各行业发展注入了新的生命力。

（三）VR技术的发展趋势

随着时代的发展，VR技术逐渐走向成熟，对我国未来科技的发展起到有效的促进作用，对VR技术的研究可为今后的发展提前做好准备。

动态环境建模技术。为确保虚拟现实技术作用的发挥，首先应对虚拟环境进行建立，动态环境建模技术的运用可获取更多三维数据，对模拟环境予以构建。

实时三维图像生成和显示技术。现阶段VR技术逐渐走向成熟，尤其表现在三维图像生成方面，在不影响图形质量基础上，提高刷新频率成为目前的主要研究内容。现阶段虚拟现实技术无法满足系统的实际需要，在这种情况下应对显示技术与三维图形进行开发。

智能化、适人化人机交互设备研制。尽管头盔与手套可增强用户的沉浸感，然而实际效果却不尽人意，采用最自然的语言、听觉及视觉可确保虚拟现实交互效果有效提升。

（四）促进 VR 技术应用的有效对策

确保 VR 技术的有效应用，在技术使用过程中相关人员还应对技术安全加强管理，积极完善安全管理使用制度、对数据安全技术进行研发，对技术人才进行培训，确保 VR 技术更好地应用。

对安全管理制度加以完善。虚拟现实技术作为一种新型技术，在带来更多发展契机的同时也会导致诸多安全隐患的发生，在这种情况下相关部门应加大安全管理力度，对安全管理制度有效完善，对技术的安全使用加强管理。在这种情况下相关部门可将各种防御技术运用其中，对信息安全性合理判断，确保技术的有效应用，此外管理人员还应形成安全管理意识，确保 VR 技术作用更好地发挥。

充分研发数据安全技术。为了确保虚拟现实技术的有效应用，相关部门还应对数据安全技术进行研发，基于此我国政府部门应加大支持力度，从资金与技术两方面入手，促进

安全技术水平的提升，为虚拟现实技术的运用提供支持。与此同时还可将加密技术运用到网络系统中，为技术的应用提供安全保障，如若加密技术缺失便会给网络运行带来风险，网络黑客便会对相关数据进行篡改或增减，从而导致巨大的亏损。

加强对技术人才的培训与管理。在科技时代下人才为第一生产力。据此我国教育行业应对技术人才加以重视，为社会输送一大批技术人才。在具体培训中，应将虚拟现实技术引入其中，对该技术的应用原理优势进行阐述，从而帮助人们加强对虚拟现实技术的全面认识。通过这一手段可提高技术人才的素质水平，为我国科学技术的发展提供人才支持。

总而言之我国应加大对 VR 技术的研究力度，培养更多相关人才，为人们的生活带来更多便利，这对于我国竞争力水平的提升起到促进作用。

第二节　计算机视觉的基本技术

一、基于计算机视觉的三维重建技术

（一）基于计算机视觉的三维重建技术分析

通常三维重建技术首先需要获取外界信息，再通过一系列的处理得到物体的三维信息。数据获取方法可以分为接触式和非接触式两种。接触式方法是利用某些仪器直接测量场景的三维数据。

1. 基于主动视觉的三维重建技术

基于主动视觉的三维重建技术是直接利用光学原理对场景或对象进行光学扫描，然后通过分析扫描得到的数据点云从而实现三维重建。主动视觉法可以获得物体表面大量的细节信息，重建出精确的物体表面模型；不足的是成本高昂、操作不便，同时由于环境的限制不可能对大规模复杂场景进行扫描，其应用领域也有限，而且其后期处理过程也较为复杂。目前比较成熟的主动方法有激光扫描法、结构光法、阴影法等。

2. 基于被动视觉的三维重建技术

基于被动视觉的三维重建技术就是通过分析图像序列中的各种信息，对物体的建模进行逆向工程，从而得到场景或场景中物体的三维模型。这种方法并不直接控制光源、对光照要求不高、成本低廉、操作简单、易于实现，适用于各种复杂场景的三维重建；不足的是对物体的细节特征重建还不够精确。根据相机数目的不同，被动视觉法又可以分为单目视觉法和立体视觉法。

（1）基于单目视觉的三维重建技术

基于单目视觉的三维重建技术是仅使用一台相机来进行三维重建的方法。这种方法简单方便、灵活可靠、使用范围广，可以在多种条件下进行非接触、自动、在线的测量和检测。该技术主要包括 X 恢复形状法、运动恢复结构法和特征统计学习法。

X 恢复形状法。若输入的是单视点的单幅或多幅图像，则主要通过图像的二维特征（用 X 表示）来推导出场景或物体的深度信息。这些二维特征包括明暗度、纹理、焦点、轮廓等，因此这种方法也被统称为 X 恢复形状法。这种方法设备简单，使用单幅或少数几幅图像就可以重建出物体的三维模型；不足的是通常要求的条件比较理想化，与实际应用情况不符，重建效果也一般。

从运动恢复结构法。若输入的是多视点的多幅图像，则通过匹配不同图像中的相同特征点，利用这些匹配约束求取空间三维点的坐标信息，从而实现三维重建，这种方法被称为从运动恢复结构法，即 SfM（Structure from Motion）。这种方法可以满足大规模场景三维重建的需求，且在图像资源丰富的情况下重建效果较好；不足的是运算量较大，重建时间较长。

（2）基于立体视觉的三维重建技术

立体视觉三维重建是采用两台相机模拟人类双眼处理景物的方式，从两个视点观察同一场景，获得不同视角下的一对图像，然后通过左右图像间的匹配点恢复出场景中目标物体的三维信息。立体视觉方法不需要人为设置相关辐射源，可以进行非接触、自动、在线的检测，简单方便、可靠灵活、适应性强、使用范围广；不足的是运算量偏大，而且在基线距离较大的情况下重建效果明显降低。

随着上述各个研究方向所取得的积极进展，研究人员开始关注自动化、稳定、高效的三维重建技术方面的研究。

（二）SfM 方法面临的挑战

在未来一段时间内，SfM 方法的相关研究可以从以下几个方面展开。

改进算法：结合应用场景，改进图像预处理和匹配技术，减少光线、噪声、模糊等问题的影响，提高匹配准确度，增强算法鲁棒性。

信息融合：充分利用图像中包含的各种信息，使用不同类型传感器进行信息融合，丰富信息，提高完整度和通用性，完善建模效果。

使用分布式计算：针对运算量过大的问题，采用计算机集群计算、网络云计算以及 GPU 计算等方式来提高运行速度，缩短重建时间，提高重建效率。

分步优化：对 SfM 方法中的每一个步骤进行优化，提高方法的易用性和精确度，使三维重建的整体效果得到提升。

计算机视觉三维重建技术在近年来的研究中取得了长足的发展，其应用领域涉及工业、军事、医疗、航空航天等诸多行业。但是这些方法想要应用到实际中都还要更进一步地研究和考察。计算机视觉三维重建技术还需要在提高鲁棒性、减少运算复杂度、减小运行设备要求等方面加以改进。因此，在未来很长的一段时间内，仍需要在该领域做出更加深入细致的研究。

二、基于监控视频的计算机视觉技术

近年来，大规模分布式摄像头的数量迅速增长，摄像头网络的监控范围迅速增大。摄像头网络每天都产生规模庞大的视觉数据。这些数据无疑是一笔巨大的宝藏，如果能够对其中的信息加以加工、利用，挖掘其价值，能够极大地方便人类的生产生活。然而，由于数据规模庞大，依靠人力手动处理数据，不但人力成本昂贵，而且不够精确。具体来讲，在监控任务中，如果给工作人员分配多个摄像头，很难保证同时进行高质量监视。即便每人只负责单个摄像头，也很难从始至终保持精力集中。此外，相比于其他因素，人工识别的基准性能主要取决于操作人员的经验和能力。这种专业技能很难快速交接给其他的操作人员，且由于人与人之间的差异，很难获得稳定的性能。随着摄像头网络覆盖面越来越广，人工识别的可行性问题越来越明显。

（一）字符识别

随着私家车数量与日俱增，车主驾驶水平参差不齐，超速行驶、闯红灯等违法行为时有发生，交通监管的压力也越来越大。依靠人工识别违章车辆，其性能和效率都无法得到保障，需要依靠计算机视觉技术实现自动化。现有的车牌检测系统已拥有较为成熟的技术，识别准确率已经接近甚至超过人眼。光学字符识别技术是车牌检测系统的核心技术，该技术的实现过程分为以下步骤：首先，从拍摄的车辆图片中识别并分割出车牌；然后，查找车牌中的字符轮廓，根据轮廓逐一分割字符，生成若干包含字符的矩形图像；接下来利用分类器逐一识别每个矩形图像中所包含的字符；最后将所有字符的识别结果组合在一起得到车牌号。车牌检测系统提高了交通法规的执行效率和执行力度，对公共交通安全提供了有力保障。

（二）人群计数

事件发生的直接原因是人群密度过大。活动期间大量游客拥入观景台，增大了事故发生的隐患及事故发生时游客疏散的难度。这一事件发生后，相关部门加强了对人流密度的监控，某些热点景区已投入使用基于视频监控的人群计数技术。人群计数技术大致分为三类：基于行人检测的模型、基于轨迹聚类的模型、基于特征的回归模型。其中，基于行人检测的模型通过识别视野中所有的行人个体，统计后得到人数。基于轨迹聚类的模型针对视频序列，首先识别行人轨迹，再通过聚类估计人数。基于特征的回归模型针对行人密集、难以识别行人个体的场景，通过提取整体图像的特征直接估计得到人数。人群计数在拥堵预警、公共交通优化方面具有重要价值。

（三）行人再识别

在机场、商场此类大型分布式空间，一旦发生盗窃、抢劫等事件，嫌疑人在多个摄像头视野中交叉出现，给目标跟踪任务带来巨大挑战。在这一背景下，行人再识别技术应运而生。行人再识别的主要任务是分布式多摄像头网络中的"目标关联"，其主要目的是跟踪在不重叠的监控视野下的行人。行人再识别要解决的是在一个人在不同时间和物理位置出现时，对其进行识别和关联的问题，具有重要的研究价值。近年来，行人再识别问题在学术研究和工业实验中越来越受关注。目前的行人再识别技术主要分为以下步骤：首先，对摄像头视野中的行人进行检测和分割；然后，对分割出来的行人图像提取特征；接下来，利用度量学习方法，计算不同摄像头视野下行人之间在高维空间的距离；最后，按照距离从近到远对候选目标进行排序，得到最相似的若干目标。由于根据行人的视觉外貌计算的视觉特征不够有判别力，特别是在图像像素低、视野条件不稳定、衣着变化甚至更加极端的条件下有着固有的局限性，要实现自动化行人再识别仍然面临巨大挑战。

（四）异常行为检测

在候车厅、营业厅等人流量大、人员复杂的场所，或夜间的ATM机附近，发生斗殴、扒窃、抢劫等扰乱公共秩序行为的频率较高。为保障公共安全，可以利用监控视频数据对人体行为进行智能分析，一旦发现异常及时发出报警信号。异常行为检测方法可分为两类：一类是基于运动轨迹，跟踪和分析人体行为，判断其是否为异常行为；另一类是基于人体特征，分析人体各部位的形态和运动趋势，从而进行判断。目前，异常行为检测技术尚不成熟，存在一定的虚警、漏警现象，准确率有待提高。尽管如此，这一技术的应用可以大大减少人工翻看监控视频的工作量，提高数据分析效率。

基于监控视频的计算机视觉技术在交通优化、智能安防、刑侦追踪等领域具有重要的研究价值。近年来，随着深度学习、人工智能等研究领域的兴起，计算机视觉技术的发展突飞猛进，一部分学术成果已经转化为成熟的技术，应用在人们生活的方方面面，为人们提供着更加便捷、舒适、安全的环境。展望未来，在数据飞速增长的时代，挑战与机遇并存，相信计算机视觉技术会给我们带来更多的惊喜。

三、计算机视觉算法的图像处理技术

网络信息技术背景下，对于智能交互系统的真三维显示图像畸变问题，需要采用计算机视觉算法处理图像，实现图像的三维重构。本节以图像处理技术作为研究对象，对畸变图像建立科学模型，以 CNN 模型为基础，在图像投影过程中完成图像的校正。实验证明计算机视觉算法下图像校正效果良好，系统体积小、视角宽、分辨率较高。

在过去，传统的二维环境中物体只能显示侧面投影，随着科技的发展，人们创造出三维立体画面，并将其作为新型显示技术。

（一）计算机图像处理技术

1. 基本含义

利用计算机处理图像需要对图像进行解析与加工，从中得到所需要的目标图像。图像处理技术应用时主要包含以下两个过程：转化要处理的图像，将图像变成计算机系统支持识别的数据，再将数据存储到计算机中，方便进行接下来的图像处理。将存储在计算机中的图像数据采用不同方式与计算方法，进行图像格式转化与数据处理。

2. 图像类别

计算机图像处理中，图像的类别主要有以下几种：

（1）模拟图像

这种图像在生活中很常见，有光学图像和摄影图像，摄影图像就是胶片照相机中的相片。计算机图像中模拟图像传输时十分快捷，但是精密度较低，应用起来不够灵活。

(2) 数字化图像

数字化图像是信息技术与数字化技术发展的产物,随着互联网信息技术的发展,图像已经走向数字化。与模拟图像相比,数字化图像精密度更高,且处理起来十分灵活,是人们当前常见的图像种类。

3. 技术特点

分析图像处理技术的特点,具体如下:图像处理技术的精密度更高。随着社会经济的发展与技术的推动,网络技术与信息技术被广泛应用于各个行业,特别是图像处理方面,人们可以将图像数字化,最终得到二维数组。该二维数组在一定设备支持下可以对图像进行数字化处理,使二维数组发生任意大小的变化。人们使用扫描设备能够将像素灰度等级量化,灰度能够达到16位以上,从而提高技术精密度,满足人们对图像处理的需求。计算机图像处理技术具有良好的再现性。人们对图像的要求很简单,只是希望图像可以还原真实场景,让照片与现实更加贴近。过去的模拟图像处理方式会使图像质量降低,再现性不理想。应用图像处理技术后,数字化图像能够更加精准地反映原图,甚至处理后的数字化图像可以保持原来的品质。此外,计算机图像处理技术能够科学保存图像、复制图像、传输图像,且不影响原有图像质量,有着较高的再现性。计算机图像处理技术应用范围广。不同格式的图像有着不同的处理方式,与传统模拟图像处理相比,该技术可以对不同信息源图像进行处理,不管是激光图像、波普图像,还是显微镜图像与遥感图像,甚至是航空图片也能够在数字编码设备的应用下成为二维数组图像。因此,计算机图像处理技术应用范围较广,无论是哪一种信息源都可以将其数字化处理,并存入计算机系统中,在计算机信息技术的应用下处理图像数据,从而满足人们对现代生活的需求。

(二) 计算机视觉显示系统设计

1. 光场重构

真三维立体显示与二维像素相对应比较,真三维可以将三维数据场内每一个点都在立体空间内成像。成像点就是三维成像的体素点,一系列体素点构成了真三维立体图像,应用光学引擎与机械运动的方式可以将光场重构。

接下来,可以对点集 L 中的 h 深度子集进行光场三维重构。将点集按照深度进行划分,最终可以划分成多个子集,任意一个子集都可以利用散射屏幕与二维投影形成光场重构,且这种重构后的图像是三维状态的。应用二维投影技术可以对切片图像实现重构,且该技术实现的高速旋转状态,重构的图像也属于三维光场范围。

2. 显示系统设计

本文以计算机视觉算法为基础,阐述图像处理技术。技术实现过程中需要应用 ARM 处理装置，在该装置的智能交互作用下实现真三维显示系统，人们可以从各个角度观看成像。真三维显示系统中，成像的分辨率很高，体素能够达到 30M。与过去的旋转式 LED 点阵体三维相比，这种柱形状态的成像方式虽然可以重构三维光场，但是该成像视场角不大，分辨率也不高。

人们在三维环境中拍摄物体，需要以三维为基础展示物体，然后将投影后的物体成像序列存储在 SDRAM 内。应用 FPGA 视频采集技术，在技术的支持下将图像序列传导入 ARM 处理装置内，完成对图像的切片处理，图像数据信息进入 DVI 视频接口，并在 DMD 控制设备的处理后，图像信息进入高速投影机。经过一系列操作，最终 DLP 可以将数字化图像朝着散射屏的背面实现投影。想要实现图像信息的高速旋转，需要应用伺服电机。在电机的驱动下，转速传感器可以探测到转台的角度和速度，并将探测到的信号传递到控制器中，形成对状态的闭环式控制。

当伺服电机运动在高速旋转环境中，设备也会将采集装置位置信息同步，DVI 信号输出帧频，控制器产生编码，这个编码就是 DVI 帧频信号。这样做可以确保散射屏与数字化图像投影之间拥有同步性，该智能交互真三维显示装置由转台和散射屏构成，其中还有伺服电机、采集设备、高速旋转投影机、控制器与 ARM 处理装置，此外还包括体态摄像头组与电容屏等其他部分。

（三）图像畸变矫正算法

1. 畸变矫正过程

在计算机视觉算法应用下，人们可以应用计算机处理畸变图像。当投影设备对图像垂直投影时，随着视场的变化，其成像垂直轴的放大率也会发生变化。这种变化会让智能交互真三维显示装置中的半透半反屏像素点发生偏移，如果偏移程度过大，图像就会发生畸变。因此，人们需要采用计算机图像处理技术将畸变后的图像进行校正。由于图像发生了几何变形，就要基于图像畸变校正算法对图片进行几何校正，从发生畸变图像中尽可能消除畸变，且将图像还原到原有状态。这种处理技术就是将畸变后的图像在几何校正中消除几何畸变。投影设备中主要有径向畸变和切向畸变两种，但是切向畸变在图像畸变方面影响程度不高，因此人们在研究图像畸变算法时会将其忽略，主要以径向畸变为主。

径向畸变又有桶型畸变和枕型畸变两种，投影设备产生图像的径向畸变最多的是桶型畸变。对于这种畸变的光学系统，其空间直线在图像空间中，除了对称中心是直线以外，其他的都不是直线。人们进行图像矫正处理时，需要找到对称中心，然后开始应用计算机视觉算法进行图像的畸变矫正。

正常情况下，图像畸变都是因为空间状态的扭曲而产生畸变，也被人们称为曲线畸变。过去人们使用二次多项式矩阵解对畸变系数加以掌握，但是一旦遇到情况复杂的图像畸变，这种方式也无法准确描述。如果多项式次数更高，那么畸变处理就需要更大矩阵的逆，不利于接下来的编程分析与求解计算。随后人们提出了在 BP 神经网络基础上的畸变矫正方式，其精度有所提高。本节以计算机视觉算法为基础，将该畸变矫正方式进行深化，提出了卷积神经网络畸变图像处理技术。与之前的 BP 神经网络图像处理技术相比，其权值共享网络结构和生物神经网络很相似，有效降低了网络模型的难度和复杂程度，也减少权值数量，提高了畸变图像的识别能力和泛化能力。

2. 畸变图像处理

作为人工神经网络的一种，卷积神经网络可以使图像处理技术更好地实现。卷积神经网络有着良好的稀疏连接性和权值共享性，其训练方式比较简单，学习难度不大。这种连接方式更加适合用于畸变图像的处理。畸变图像处理中，网络输入以多维图像输入为主，图像可以直接传入网络中，无须像过去的识别算法那样重新提取图像数据。不仅如此，在卷积神经网络权值共享下的计算机视觉算法能够减少训练参数，在控制容量的同时，保证图像处理拥有良好的泛化能力。

如果某个数字化图像的分辨率为 227×227，将其均值相减之后，神经网络中拥有两个全连接层与五个卷积层。将图像信息转化为符合卷积神经网络计算的状态，卷积神经网络也需要将分辨率设置为 227×227。由于图像可能存在几何畸变，考虑可能出现的集中变形形式，按照检测窗比例情况，将其裁剪为特定大小。

（四）基于计算机视觉算法图像处理技术的程序实现

基于上述文中提到的计算机视觉算法，对畸变图像模型加以确定。本文提出的图像处理技术程序实现应用到了 MATLAB 软件，选择图像处理样本时以 1000 幅畸变和标准图像组为主。应用了系统内置 Deep Learning 工具包，撰写了基于畸变图像算法的图像处理与矫正程序，矫正时将图像每一点在畸变图像中映射，然后使用灰度差值确定灰度值。这种图像处理方法有着低通滤波特点，图像矫正的精度比较高，不会有明显的灰度缺陷存在。因此，应用双线性插值法，在图像畸变点周围四个灰度值计算畸变点灰度情况。

当图像受到几何畸变后，可以按照上文提到的计算机视觉算法输入 CNN 模型，再科学设置卷积与降采样层数量、卷积核大小、降采样降幅，设置后根据卷积神经网络的内容选择输出位置。根据灰度差值中双线性插值算法，进一步确定畸变图像点位灰度值。随后，对每一个图像畸变点都采用这种方式操作，不断重复，直到将所有的畸变点处理完毕，最终就能够在画面中得到矫正之后的完整图像。

为了尽可能地降低卷积神经网络运算的难度，降低图像处理时间，建议将畸变矫正图像算法分为两部分。第一部分为CNN模型处理，第二部分为实施矫正参数计算。在校正过程中需要提前建立查找表，并以此作为常数表格，将其存在足够大的空间内，根据已经输入的畸变图像，按照像素实际情况查找表格，结合表格中的数据信息，按照对应的灰度值，将其替换成当前灰度值即可完成图像处理与畸变校正。不仅如此，还可以在卷积神经网络计算机算法初始化阶段，根据位置映射表完成图像的CNN模型建立，在模型中进行畸变处理，然后系统生成查找表。按照以上方式进行相同操作，计算对应的灰度值，再将当前的灰度值进行替换，当所有畸变点的灰度值都替换完毕后，该畸变图像就完成了实时畸变矫正，其精准度较高，难度较小。

总而言之，随着网络技术与信息技术的日渐普及，传统的模拟图像已经被数字化图像取代，人们享受数字化图像的高清晰度与真实度，但对于图像畸变问题，还需要进一步研究图像的畸变矫正方法。

四、计算机视觉图像精密测量的关键技术

近代测量使用的方法基本为人工测量，但人工测量无法一次性达到设计要求的精度，就需要进行多次的测量再进行手工计算，求取接近设计要求的数值。这样做的弊端在于：需要大量的人力且无法精准达到设计要求精度。针对这种问题，在现代测量中出现了计算机视觉精密测量。这种方法集快速、精准、智能等优势于一体，在测量中受到了更多的追捧及广泛的使用。

在现代城市的建设中离不开测量的运用，对于测量而言需要精确的数值来表达建筑物、地形、地貌等特征。在以往的测量中无法精准地进行计算及在施工中无法精准地达到设计要求。

（一）概论

1. 什么是计算机视觉图像精密测量

计算机视觉精密测量从定义上来讲是一种新型的、非接触性测量。它是集计算机视觉技术、图像处理技术及测量技术于一体的高精度测量技术，并且将光学测量的技术融入当中。这样让它具备了快速、精准、智能等方面的优势及特性。这种测量方法在现代测量中被广泛使用。

2. 计算机视觉图像精密测量的工作原理

计算机视觉图像精密测量的工作原理类似于测量仪器中的全站仪。它们具有相同的特点及特性，主要还是通过微电脑进行快速的计算处理得到使用者需要的测量数据。其原理简单分为以下几步：

（1）对被测量物体进行图像扫描，在对图像进行扫描时需注意外界环境及光线因素，特别注意光线对于仪器扫描的影响。

（2）形成比例的原始图，在对于物体进行扫描后得到与现实原状相同的图像。这个步骤与相机的拍照原理几乎相同。

（3）提取特征，通过微电子计算机对扫描形成的原始图进行特征的提取，在设置程序后，仪器会自动进行相应特征部分的关键提取。

（4）分类整理，对图像特征进行有效的分类整理，主要对于操作人员所需求的数据进行整理分类。

（5）形成数据文件，在完成以上四个步骤后微计算机会对整理分类出的特征进行数据分析存储。对于计算机视觉图像精密测量的工作原理就进行以上分析。

3. 主要影响

从施工测量及测绘角度分析，对于计算机视觉图像精密测量的影响在于环境。其主要分为地形影响和气候影响。地形影响对于计算机视觉图像精密测量是有限的，基本对于计算机视觉图像精密测量的影响不是很大，但还是存在一定的影响。主要体现在遮挡物对于扫描成像的影响，如果扫描成像质量较差，会直接影响到对于特征物的提取及数据的准确性。还存在气候影响，气候影响的因素主要在于大风及光线。大风对于扫描仪器的稳定性具有一定的考验，如有稍微抖动就会出现误差，不能准确地进行精密测量。光线的影响在于光照的强度上，主要还是表现在基础的成像，成像结果会直接导致数据结果的准确性。

（二）计算机视觉图像精密测量的关键技术简析

计算机视觉图像精密测量的关键技术主要分为以下几种：

1. 自动进行数据存储

对计算机视觉图像精密测量的原理分析，参照计算机视觉图像精密测量的工作原理，对设备的质量要求很高，计算机视觉图像精密测量仪器主要还是通过计算机来进行数据的计算处理，如果遇到计算机系统老旧或处理数据量较大，会导致计算机系统崩溃，导致计算结果无法进行正常的存储。为了避免这种情况的发生，需要对测量成果技术进行有效的存储。将测量数据成果存储在固定、安全的存储媒介中，保证数据的安全性。如果遇到计算机系统崩溃等无法正常运行的情况时，应及时将数据进行备份存储，快速还原数据。对前期测量数据再次进行测量或多次测量，系统会对这些数据进行统一对比，如果多次测量结果有所出入，系统会进行提示。这样就可以避免数据存在较大的误差。

2. 减小误差概率

在进行计算机视觉图像精密测量时往往会出现误差，而这些误差的原因主要为操作人员与机器系统故障。在进行操作前操作员应对于仪器进行系统性的检查，再次使用仪器中的自检系统，保证仪器的硬件与软件正常运行。如果硬软件出现问题会导致测量精度的误差，从而影响工作的进度。人员操作也会导致误差，人员操作的误差在某些方面来说是不可避免的。这主要是对操作人员工作的熟练程度的一种考验，主要是对于仪器的架设及观测的方式。减少人员操作中的误差，就要做好人员的技术技能培训工作。让操作人员有过硬的操作技术。在这些基础上再建立完善的体制制度，利用多方面全面进行误差控制。

3. 方便便携

在科学技术发展的今天我们在生活当中运用到的东西逐渐在形状、外观上发生巨大的变大。近年来，对于各种仪器设备的便携性提出了很高的要求，在计算机视觉图像精密测量中对设备的外形体积要求、系统要求更为重要，其主要在于人员方便携带可在大范围及野外进行测量，不受环境等特殊情况的限制。

（三）计算机视觉图像精密测量发展趋势

目前我国国民经济快速发展，我们对于精密测量的要求越来越高，特别是近年我国科技技术的快速发展及需要，很多工程及工业方面已经超出我们所能测试的范围。在这样的前景下，我们对于计算机视觉图像精密测量的发展趋势进行一个预估，其主要发展趋势有以下几方面：

1. 测量精度

在我们日常生活中，我们常用的长度单位基本在毫米级别，但在现在生活中，毫米级别已经不能满足工业方面的要求，如航天航空方面。所以提高测量精度也是计算机视觉图像精密测量发展趋势的重要方向，主要在于提高测量精度，再向微米级及纳米级别发展，同时提高成像图像方面的分辨率，进而达到我们预测的目的。

2. 图像技术

计算机的普遍性对于各行各业的发展都具有时代性的意义，在计算机视觉图像精密测量中运用图像技术也是非常重要的，在图像处理技术方面加以提高。同时工程方面遥感测量的技术也是对于精密测量的一种推广。

在科技发展的现在，测量是生活中不可缺少的一部分，测量同时也影响着我们的衣食住行，在测量技术中加入计算机视觉图像技术是对测量技术的一种革新。在融入这种技术后，我们相信在未来的工业及航天事业中计算机视觉图像技术能发挥出最大限度的作用，为改变人们的生活做出杰出的贡献。

第三节　计算机网络技术安全发展

一、云计算安全与防护技术研究

（一）云计算概述

1. 云计算的不同定义

"云计算究竟是什么"业界仍没有统一的共识，不同的组织机构分别从不同的角度给出了云计算不同的定义和内涵，可以找到很多个版本不同的解释。以下给出云计算具有代表性的几个定义：

维基百科的定义是：云计算是一种商业计算模型和信息服务模式。它将计算任务分布在大量物理计算机服务器或虚拟服务器构成的不同数据中心，使各种应用能够根据需要获取计算能力、存储空间和信息服务。

伯克利云计算白皮书则定义为：云计算包括互联网上各种服务形式的应用以及数据中心提供这些服务的软硬件设施。

美国国家标准与技术研究院（National Institute of Standards and Technology，NIST）认为，云计算是一个模型，这个模型可以方便地按需访问一个可配置的计算资源（例如，网络、服务器、存储设备、应用程序，以及服务）的公共集，可以实现任何时间、任何地点、便捷地、多样地争取所需的资源。同时，这些资源可以快速提供和释放，使管理资源的工作量和与服务提供商的交互减小到最低程度。

中国电子学会云计算专家委员会认为，云计算是一种基于互联网的大众参与的计算模式，其动态、可伸缩、被虚拟化的计算资源（包括计算能力、存储能力、交互能力等），是以服务方式提供的，可以方便地实现分享和交互，并形成群体智能。

中国联通研究院认为，云计算是一种新式的计算方法和商业模式，它通过虚拟化等技术按照"即插即用"的方式，自助管理运算、存储等资源能力形成高效资源池，以按需分配的服务形式提供计算能力，且可通过公众通信网络整合IT资源和业务，向用户提供新型的业务产品和新的交付模式。

虽然各个机构和个人对于云计算的认识各不相同，但通过比较综合可以看出，云计算既是一种技术，也是一种服务，甚至还可以说它是一种商业模式。云计算作为一种技术手段和实现模式，使得计算资源成为向大众提供服务的社会基础设施。云计算是一种池化的集群计算能力，它通过互联网向内外部用户提供自助、按需服务的互联网新业务、新技术,将对信息技术本身及其应用产生深远影响,软件工程方法、网络和终端设备的资源配置、获取信息和知识的方式等,无不因云计算而产生重要变化,是传统 IT 领域和通信领域技术进步、需求推动和商业模式转换共同促进的结果。与此同时,云计算也深刻改变着信息产业现有业态,催生了新型的产业和服务。云计算带来社会计算资源利用率的提高和计算资源获得的便利性,推动以互联网为基础的物联网迅速发展,将更加有效地提升人类感知世界、认识世界的能力,促进经济发展和社会进步。

2. 云计算的特点

从研究现状上看,与传统的单机和网络应用模式相比,云计算具有以下特点:

(1) 规模大

"云"具有相当的规模,Google 云计算已经拥有一百多万台服务器,Amaon、IBM、微软、Yahoo 等的"云"均拥有几十万台服务器。企业私有云一般拥有数百上千台服务器。"云"能赋予用户前所未有的计算能力。

(2) 虚拟化

这是云计算最强调的特点,即把软件、硬件等 IT 资源进行虚拟化,抽象成标准化的虚拟资源,放在云计算平台中统一管理,保证资源的无缝扩展。云计算包括资源虚拟化和应用虚拟化。每一个应用部署的环境和物力平台是没有关系的,通过虚拟平台进行管理达到对应用进行扩展、迁移、备份,操作均通过虚拟化层次完成。

(3) 性价比高

云计算采用虚拟资源池的方法管理所有资源,对物理资源的要求较低。可以使用廉价的 PC 组成云,而计算性能却可超过大型主机。云系统对服务类型通过计量的方法来自动控制和优化资源使用(例如,存储、处理、带宽以及活动用户数)。资源的使用可被监测、控制以及对供应商和用户提供透明的报告(即付即用的模式)。由于"云"的特殊容错措施可以采用极其廉价的节点来构成云,"云"的自动化集中式管理使大量企业无须负担日益高昂的数据中心管理成本,"云"的通用性使资源的利用率较之传统系统大幅提升,因此用户可以充分享受"云"带来的高性价比。

(4) 灵活性高

现在大部分的软件和硬件都对虚拟化有一定支持,各种 IT 资源,如软件、硬件、操作系统、存储网络等所有要素都会通过虚拟化,放在云计算虚拟资源池中进行统一管理。同时,能够兼容不同硬件厂商的产品,兼容低配置机器和外设而获得高性能计算。

(5) 可靠性高

"云"使用了数据多副本容错、计算节点同构可互换等措施来保障服务的高可靠性,使用云计算比使用本地计算机可靠。虚拟化技术使用户的应用和计算分布在不同的物理服务器上面,即使单点服务器崩溃,仍然可以通过动态扩展功能部署新的服务器作为资源和计算能力添加进来,保证应用和计算的正常运转。

3. 云计算的服务类型

云计算按照服务类型大致可以分为几类:以基础设施为服务(IaaS)、以平台为服务(PaaS)、以软件为服务(SaaS)、以数据存储为服务(DaaS)和以后端为服务(BaaS)。

(1) 以基础设施为服务

IaaS 是五种服务类型的最底端,也是最基础的、最接近云计算基本定义的服务。IaaS 将硬件设备等基础资源封装成服务供用户使用,如亚马逊云计算 AWS(Amazon Web Services)的弹性计算云 EC2 和简单存储服务 S3。云业务提供商把多台服务器组成的"云"基础设施作为服务租给用户,可以根据用户的购买量或实际使用量计费。它提供给用户计算、存储、网络及其他基础设施资源,使用户在基础设施上配置和运行操作系统、应用软件等。用户不需要管理或者控制云的基础设施,只需要支配操作系统、存储、部署应用程序和有限地选择网络组件,如主机防火墙等。具有代表性的公司及业务有 Amazon 的 EC2 和 Verizon 的 Terremark 等。

(2) 以平台为服务

PaaS 位于三种服务类型的中间层,是经过云业务提供商封装的 IT 资源,通常按照用户或用户登录情况计费。PaaS 实际上是指将软件研发的平台作为一种服务,以 SaaS 的模式提交给用户。因此,PaaS 也是 SaaS 模式的一种应用。但是,PaaS 的出现可以加快 SaaS 的发展,尤其是加快 SaaS 应用的开发速度。

PaaS 对资源的抽象层次更进一步,它提供用户应用程序的运行环境,把用户主创建或购得的应用程序部署在云基础设施之上,提供应用从创建到运行整个生命时期的软硬件资源环境和工具。用户不需要管理或控制包括网络、服务器、操作系统、存储等云基础设施,仅需支配部署的应用和应用程序主机环境的配置。最典型的如 Google App Engine,微软的云计算操作系统 Microsoft Windows Azure 也可大致归入这一类。Google 的云计算平台主要采用 PaaS 商业模式,提供云计算服务按需收费。Google APP Engine 根据中央处理器租用情况收费,大约每个 CPU 核每小时收费 10~12 美元,存储方面每 10 亿字节存储空间收费 15～18 美元。

(3) 以数据存储为服务

DaaS 是网络上提供虚拟存储的一种服务方式，客户可以根据实际存储容量来支付费用。例如，亚马逊的 EC2、中国电信上海公司与 EMC 合作的"e 云"、Google 的分布式文件系统 GFS。最有名的 DaaS 提供商就是亚马逊的 s3 和 EMC 存储管理服务。DaaS 允许用户在一个高度可扩展的分层文件系统中存储各种数据类型的文件，并可以通过 Internet 像检索各种 MIME（多功能 Internet 邮件扩展协议）类型的文件一样检索这些文件。数据存储或数据库即服务意味着结构化存储至少具有一些关系数据库管理系统的功能，如查询功能、主键和外键索引功能以及模仿 JOIN 的实体关联功能。

(4) 以后端为服务

BaaS 是一种新型的云服务，起源于 MBaaS（Mobile Backend as a Service），即以移动后端为服务，旨在为移动和 Web 应用提供后端云服务，包括云端数据/文件存储、账户管理、消息推送、社交媒体整合等。

BaaS 是垂直领域的云服务，随着移动互联网的持续火热，BaaS 也受到越来越多的开发者的青睐。它作为应用开发的新模型，可以降低开发者成本，让开发者只需专注于具体的开发工作。随着移动互联网的发展，移动行业的分工也会像其他行业一样逐渐细化，后端服务就是这样被抽象出来，它统一向开发者提供文件存储、数据存储、推送服务等实现难度较高的功能，以帮助开发者快速开发移动应用。

(二) 云计算防护技术

1. IaaS 架构安全策略与防护

(1) 网络虚拟化安全策略与防护

网络虚拟化安全主要通过在虚拟化网络内部加载安全策略，增强虚拟机之间以及虚拟机与外部网络之间通信的安全性，确保在共享的资源池中的信息应用仍能遵从企业级数据隐私及安全要求。

网络虚拟化的具体安全防护要求如下：

①利用虚拟机平台的防火墙功能，实现虚拟环境下的逻辑分区边界防护和分段的集中管理，配置允许访问虚拟平台管理接口的 IP 地址、协议端口、最大访问速率等参数。

②虚拟交换机应具有虚拟端口的限速功能，通过定义平均带宽、峰值带宽和流量突发大小，实现端口级别的流量控制。同时应禁止虚拟机端口使用混杂模式进行网络通信嗅探。

③对虚拟网络平台的重要日志进行监视和审计，以便及时发现异常登录和

操作。

④在创建客户虚拟机的同时,在虚拟网卡和虚拟交换机上配置防火墙,提高客户虚拟机的安全性。

(2) 存储虚拟化安全策略与防护

存储虚拟化通过在物理存储系统和服务器之间增加一个虚拟层,将物理存储虚拟化成逻辑存储,使用者只用访问逻辑存储,从而把数据中心异构的存储环境整合起来,屏蔽底层硬件的物理差异,向上层应用提供统一的存取访问接口。虚拟化的存储系统应具有高度的可靠性、可扩展性和高性能,能有效提高存储容量的利用率,简化存储管理,实现数据在网络上共享的一致性,满足用户对存储空间的动态需求。

存储虚拟化的具体安全防护要求如下:

①能够提供磁盘锁定功能,以确保同一虚拟机不会在同一时间被多个用户打开。能够提供设备冗余功能,当某台宿主服务器出现故障时,该服务器上的虚拟机磁盘锁定将被解除,以允许从其他宿主服务器重新启动这些虚拟机。

②能够提供多个虚拟机对同一存储系统的并发读/写功能,并确保并行访问的安全性。

③保证用户数据在虚拟化存储系统中的不同物理位置有至少2个以上备份,并对用户透明,以提供数据存储的冗余保护。

④虚拟存储系统可以按照数据的安全级别建立容错和容灾机制,以克服系统的误操作、单点失效、意外灾难等因素造成的数据损失。

(3) 业务管理平台安全策略与防护

具备宿主服务器资源监控能力,可实时监控宿主服务器物理资源利用情况,在宿主服务器出现性能瓶颈时发出告警;具备虚拟机性能监控能力,可实时监控物理机上各虚拟机的运行情况,在虚拟机出现性能瓶颈时发出告警。

支持设置单一虚拟机的资源限制量,保护虚拟机的性能不因其他虚拟机尝试消耗共享硬件上的太多资源而降低。在虚拟机资源分配时,应充分考虑资源预留情况,通过设置资源预留和限制量,保护虚拟机的性能不会因其他虚拟机过度消耗宿主服务器硬件资源而降低。

业务管理平台应具备高可靠性和安全性,具备多机热备功能和快速故障恢复功能。

对管理系统本身的操作进行分权、分级管理,限定不同级别的用户能够访问的资源范围和允许执行的操作;对用户进行严格的访问控制,分别授予不同用户为完成各自承担的任务所需的最小权限。

2. PaaS 架构安全策略与防护

PaaS 云服务把分布式软件开发、测试、部署环境作为服务提供给应用程序开发人员。因此，要开展 PaaS 云服务，需要在云计算数据中心架设分布式处理平台，并对该平台进行封装。分布式处理平台包括作为基础存储服务的分布式文件系统和分布式数据库、为大规模应用开发提供的分布式计算模式，以及作为底层服务的分布式同步设施。对分布式处理平台的封装包括提供简易的软件开发环境，简单的 API 编程接口、软件编程模型和代码库等，使之能够方便地为用户所用。对 PaaS 来说，数据安全、数据与计算可用性、针对应用程序的攻击是主要的安全问题。

（1）分布式文件安全策略与防护

基于云数据中心的分布式文件系统构建在大规模廉价服务器群上，因此存在以下安全问题：服务器等组件的失效现象可能经常出现，需解决系统的容错问题；能够提供海量数据的存储和快速读取功能，当多用户同时访问文件系统时，需解决并发控制和访问效率问题；服务器增减频繁，需解决动态扩展问题；需提供类似传统文件系统的接口以兼容上层应用开发，支持创建、删除、打开、关闭、读/写文件等常用操作。

为了提高分布式文件系统的健壮性和可靠性，当前的主流分布式文件系统设置辅助主服务器（Secondary Master）作为主服务器的备份，以便在主服务器故障停机时迅速恢复。系统采取冗余存储的方式，每份数据在系统中保存 3 个以上的备份，来保证数据的可靠性。同时，为保证数据的一致性，对数据的所有修改需要在所有的备份上进行，并用版本号的方式来确保所有备份处于一致的状态。

在数据安全性方面，分布式文件系统需要考虑数据的私有性和冲突时的数据恢复。透明性要求文件系统给用户的界面是统一完整的，至少需要保证位置透明、并发访问透明和故障透明。另外，分布式文件系统还要考虑可扩展性，增加或减少服务器时，应能自动感知，而且不对用户造成任何影响。

（2）分布式数据库安全策略与防护

基于云计算数据中心大规模廉价服务器群的分布式数据库同样存在以下安全问题。

对于组件的失效问题，要求系统具备良好的容错能力；具有海量数据的存储和快速检索能力；多用户并发访问问题；服务器频繁增减导致的可扩展性问题等。

数据冗余、并行控制、分布式查询、可靠性等是分布式数据库设计时需主要考虑的问题。

数据冗余保证了分布式数据库的可靠性，也是并行的基础，但也带来了数据一致性问题。数据冗余有两种类型：复制型数据库和分割型数据库。复制型数据库指局部数据库存储的数据是对总体数据库全部或部分的复制；分割型数据库指数据集被分割后存储在每个局部数据库里。由于同一数据的多个副本被存储在不同的节点里，对数据进行修改时，须确保数据所有的副本都被修改。这需要引入分布式同步机制对并发操作进行控制，最常用的方式是分布式锁机制以及冲突检测。

在分布式数据库中，各节点具有独立的计算能力，具有并行处理查询请求的能力。然而节点间的通信使查询处理的时延变大，因此，对分布式数据库而言，分布式查询或称并行查询是提升查询性能的最重要的手段。可靠性是衡量分布式数据库优劣的重要指标，当系统中的个别部分发生故障时，可靠性要求对数据库应用的影响不大或者无影响。

（3）用户接口和应用安全策略与防护

对于PaaS服务来说，不能暴露过多的接口。PaaS服务使客户能够将自己创建的某类应用程序部署到服务器端运行，并且允许客户端对应用程序及其计算环境配置进行控制。如果来自客户端的代码是恶意的，PaaS服务接口暴露过多，可能会给攻击者带来机会，也可能会攻击其他用户，甚至可能会攻击提供运行环境的底层平台。

在用户接口方面，包括提供代码库、编程模型、编程接口、开发环境等。代码库封装平台的基本功能如存储、计算、数据库等，供用户开发应用程序时使用。编程模型决定了用户基于云平台开发的应用程序类型，它取决于平台选择的分布式计算模型。PaaS提供的编程接口应该是简单的、易于掌握的，有利于提高用户将现有应用程序迁移至云平台，或基于云平台开发新型应用程序的积极性。一个简单、完整的SDK有助于开发者在本机开发、测试应用程序，从而简化开发工作，缩短开发流程。

3. SaaS架构安全策略与防护

（1）多租户安全策略与防护

在多租户的典型应用环境下，可以通过物理隔离、虚拟化和应用支持的多租户架构等三种方案实现不同租户之间数据和配置的安全隔离，以保证每个租户数据的安全与隐私保密。

物理分隔法为每个用户配置其独占的物理资源，实现在物理层面上的安全隔离，同时可以根据每个用户的需求，对运行在物理机器上的应用进行个性化设置，安全性较好，但该模式的硬件成本较高，一般只适合对数据隔离要求比较高的大中型企业等。

虚拟化方法通过虚拟技术实现物理资源的共享和用户的隔离，但每个用户独享一台虚拟机，当面对成千上万的用户时，为每个用户都建立独立的虚拟机是不合理和没有效率的。

(2) 数据库安全策略与防护

在数据库的设计上，SaaS 服务普遍采用大型商用关系型数据库和集群技术。多重租赁的软件一般采用三种设计方法：每个用户独享一个数据库 instance；每个用户独享一个数据库 instance 中的一个 schema；多个用户以隔离和保密技术原理共享一个数据库 instance 的一个 schema。

出于成本考虑，多数 SaaS 服务均选择后两种方案，从而降低成本。数据库隔离的方式经历了 instance 隔离、schema 隔离、partition 隔离、数据表隔离，到应用程序的数据逻辑层提供的根据共享数据库进行用户数据增删修改授权的隔离机制，从而在不影响安全性的前提下实现效率最大化。

(3) 应用程序安全

应用程序的安全主要体现在提升 Web 服务器安全性上，可以采用特殊的 Web 服务器或服务器配置以优化安全性、访问速度和可靠性。身份验证和授权服务是系统安全性的起点，J2EE 和 .NET 自带全面的安全服务。J2EE 提供 Servlet Presentation Framework，.NET 提供 .NET Framework，并持续升级。应用程序通过调用安全服务的 API 接口对用户进行授权和上下文继承。

在应用程序的设计上，安全服务通过维护用户访问列表、应用程序 Session、数据库访问 Session 等进行数据访问控制，并需要建立严格的组织、组、用户树和维护机制。

二、大数据安全与隐私保护

(一) 大数据安全需求

1. 国家的安全需求

中国数据安全保障的重点主要涉及保护国家关键基础设施和维护社会稳定。

(1) 国家安全需求的三个层面

①获取信息控制权

Google 提出要通过云计算和大数据成为世界的信息（数据）中心。如果大数据服务被 Google 等国外巨头垄断，这些垄断巨头及其背后的政治势力可以借此对中国进行远程监测和控制，并通过对用户整体情况进行统计分析，获取中国舆情动向和经济运行情况等重要数据，同时还可以有针对性地向中国推送反动有害等信息，这将对中国政治、经济、文化安全构成极大的威胁。

②防止国家机密泄露

用户的密码丢失或者提供商的技术漏洞都可能导致国家机密的失窃或隐私的泄露,甚至攻击者利用强大计算能力去破解网上银行密匙、国防等机密部门的防火墙,或者利用服务器进行拒绝服务攻击,上述问题都可能给社会、国防安全带来极大危害。

③加强信息监管

加强信息监管的法制建设,依法监管,建立网络监察员巡视制度,在信息发布、信息传输、信息控制等方面严格审查把关。要指定专人每天定时检查聊天室和论坛,对流入、流出的信息进行严格"净化",坚决把有害信息、错误言论和格调低下的内容拒之"门外",把涉及国家秘密的信息挡在"门内",防止失泄密问题的发生。对带有不良政治倾向的评论,予以针锋相对地反击,及时澄清是非,做好"消毒""解毒"和"清毒"工作。

(2) 建设数据安全保障体系

中国数据安全保障体系建设的目标是着力提升如下四项安全能力:

①基础支撑能力

如建设好数据安全测评中心、数据系统保密技术监督管理中心、计算机网络应急技术处理协调中心、电子证书认证中心、容灾备份中心、电子政务内网违规外联安全监管平台、互联网安全监管平台和信息安全攻防实验室等数据安全基础设施。

②防护对抗能力

按照积极防范、综合防御的要求,探索形成"以防为主、攻防并举"的管理工作思路。

③应急容灾能力

确保事件发生时的及时响应、合理处置和快速恢复,增强重要数据系统容灾能力。

④自主可控能力

自主可控能力包括促进数据安全产业发展,积极推广应用国产数据产品,积极发展数据安全服务,开展信息安全标准规范建设等内容。

2. 服务商的安全需求

服务商被认为是一个有效预防和解决网络数据安全问题的关键因素。在维护网络数据安全的过程中,服务商起着关键的作用:

(1) 他们各自维护着自己的网络和应用系统,可以较为容易地控制系统运行和系统内的信息。

(2) 他们是最容易对信息安全造成影响的主体——无论是他们有意制作发

布有害信息，还是出于过失导致他们的系统出现安全问题。

（3）他们直接和广大网络用户相联系，能够较为迅速地获取用户的资料，为追查危害网络安全的行为提供线索，能有效地保障广大网络用户的合法权益。

3. 用户的安全需求

（1）用户与数据安全

①数据的安全存储及用户的隐私是用户最重要的安全需求

由于用户的数据及相关的用户名、密码等隐私信息存储在云计算系统中，怎样确保服务提供商安全存储数据并不随意泄露用户隐私信息，是用户首要考虑的安全问题。

②用户参与的安全管理是云计算用户的另一个安全需求

在保证不涉及其他用户信息和数据的前提下，在不干扰服务提供商的安全服务的基础上，为用户提供相应的安全配置信息和数据运行状态信息，并在某种程度上允许用户部署实施专用安全管理软件。

③用户需要提供的云计算服务应该是稳定、可靠和持续的

虚拟主机能够很好地在计算能力和主存储器访问上进行共享，但是数据输入/输出（I/O）的共享上却会出现问题，不同虚拟主机之间会相互影响，从而导致数据传输速度有比较大的波动。所有的云计算服务都在互联网上，一旦数据中心发生故障，影响面是巨大的。

（2）用户的安全策略

数据的安全不仅仅是服务商的事，每一个用户都有责任维护自身的数据安全。因此，用户应该了解下列安全策略：

①用一个长且难猜的口令，不要将自己的口令告诉任何人。

②清楚自己私有数据存储的位置，知道如何备份和恢复。

③尽量不要在本地硬盘上共享文件，因为这样做将影响自己的计算机安全。将共享文件存放在服务器上，既安全又方便了他人随时使用该文件。

④发出的电子邮件如果没有加密，信件内容有可能泄漏。收到的电子邮件不能完全确认是由寄件人发出。对特别机密的文件和具有法律效力的文件请使用加密发送。

⑤认证确认寄件人。

⑥用户在局域网和远程登录分别使用不同的用户账号和口令。有些方式的远程登录（如Telnet），其账号和口令没有加密，有可能被截获。

(二) 大数据隐私

1. 大数据隐私保护技术

(1) 匿名处理

匿名是最早提出的隐私保护技术,将发布数据表中涉及个体的标识属性删除之后发布。基于数据匿名化的研究是假设被共享的数据集中每条数据记录均与某个特定个体相对应,且存在涉及个人隐私信息的敏感属性值,同时,数据集中存在一些称为准标识符的非敏感属性的组合,通过准标识符可以在数据集中确定与个体相对应的数据信息记录。如果直接共享原始数据集,攻击者如果已知数据集中某个体的准标识符值,就可能推知该个体的敏感属性值,导致个人隐私信息泄露。基于数据匿名化的研究目的是防止攻击者通过准标识符将某一个体与其敏感属性值链接起来,从而实现对共享数据集中的敏感属性值的匿名保护。

(2) 概化 (泛化) /抑制

概化是指发布数据不显示一些属性的细节,但发布数据和原数据语义一致,也就是将一些数据进行适当变形,使变形后的数据相比原始数据具有较少的信息含量,以避免成功的推理攻击,同时较好地保证了数据的统计特性和可用性。抑制是完全不显示部分(或所有)记录的一些属性值,这样会减少匿名表中的信息量,但是在某些情况下能够减少泛化数据的损失,达到相对较好的匿名效果。

(3) 取样方法

取样就是抽样,抽样是指发布后的结果数据中并不包括所有的原始数据,而是原始数据的部分样本。减少发布数据的数量,使大部分隐私数据不会发生泄露,同时随着样本容量的减少,对原始数据的分析工作量增加。抽样方法要求在采样过程中尽量多地保存原始数据集中的有用信息,提高数据的可用性,也就是用于发布的数据只是总样本中的一个子集。但此方法不适合于广泛应用,同时也存在基于样例数据的推理攻击破坏行为。

(4) 微聚合

微聚合是指将原始数据集中属性取值接近的多条记录聚合在一起形成簇,每一个簇组成一个等价类。将每一个簇计算出用来代表这个簇的聚合值(通常是将原始数据集聚合成大小相同的簇,每个簇使用其属性平均值作为此簇的聚合值),在发布的时候只发布聚合值,从而降低了隐私泄露的风险。微聚合是适合于处理数量型数据的方法,也就是将几个值进行合并或抽象而成为一个粗糙集。

(5) 数据交换

数据交换是指将原始数据中不同记录的某些属性值进行交换,将交换后的数据用来发布以达到保护隐私的目的,其核心是在保证统计属性在一定程度不变的前提下,通过交换数据值使得交换后的数据无法与原始记录对应,提高了数据的不确定性。但是如何在交换过程中尽可能多地保持原始数据集的统计信息,特别是原始数据某些子集上的统计信息是当前数据交换技术研究的重点,也就是单个记录间值的交换。

2. 大数据隐私保护机制

隐私保护机制的模式一般分为交互模式和非交互式模式。交互式模式(在线查询)可认为是一个可信的机构(如医院)从记录拥有者(如病人)中收集数据并且为数据使用者(如公共卫生研究人员)提供一个访问机制,以便于数据使用者查询和分析数据,即提供一个接口从访问机制返回的结果通常被机制所修改以便保护个人隐私。当数据分析者通过查询接口提交查询 Q 时,数据拥有者会根据查询需求,设计满足隐私要求的查询算法,经过隐私保护机制过滤后,把含噪音结果返回给用户。由于交互式场景只允许数据分析者通过查询接口提交查询,查询数目决定其性能,所以其不能提出大量查询,一旦查询数量达到某一界限(隐私预算耗尽),数据库关闭。

三、物联网安全技术研究

(一) 物联网感知层安全

感知层的任务是实现全面感知外界信息的功能,包括原始信息的采集、捕获和物体识别。该层的典型设备包括 RFID 装置、各类传感器(如温度、湿度、红外、超声、速度等)、图像捕捉装置(摄像头)、全球定位系统 GPS、激光扫描仪等,其涉及的关键技术包括传感器、RFID、自组网络、短距离无线通信、低功耗路由等。这些设备收集的信息通常具有明确的应用目的,因此传统上这些信息直接被处理并应用,如公路摄像头捕捉的图像信息直接用于交通监控,使用导航仪可以使人轻松了解当前位置及要去目的地的路线;使用摄像头可以和朋友聊天和在网络上面对面交流;使用条形码技术,商场结算可以快速便捷;使用 RFID 技术的汽车无匙系统,人们可以自由开关门,甚至开车都免去钥匙的麻烦,人们也可以在上百米内了解汽车的安全系统等。但是,各种方便的感知系统给人们生活带来便利的同时,也存在各种安全和隐私问题。例如,通过摄像头的视频对话或监控在给人们生活提供方便的同时,也会被具有恶意的人控制利用,从而监控个人的生活,泄露个人的隐私。特别是近年来,黑客利用个人计算机连接的摄像头泄露用户的隐私事件层出不穷,另外,在物联网应用中，多种类型的感知信息可能会被同时处理、综合利用，甚至不同感应信息的结果将影响其他控制调节行为。如湿度的感应结果可能会影响到温度或光照控制的调节，同时，物联网应用强调的是信息共享，这是物联网区别于传感器网的最大特点之一，如交通监控录像信息可能还同时被用于公安侦破、城市改造规划设计、城市环境监测等。因此，如何处理这些感知信息将直接影响到信息的有效应用。

（二）物联网应用层安全

1. 访问控制

访问控制（access control）就是在身份认证的基础上，依据授权对提出的资源访问请求加以控制。

（1）访问控制系统的构成

访问控制系统一般包括：主体、客体、安全访问策略。

主体：发出访问操作、存取要求的发起者，通常指用户或用户的某个进程。

客体：被调用的程序或欲存取的数据，即必须进行控制的资源或目标，如网络中的进程等活跃元素、数据与信息、各种网络服务和功能、网络设备与设施。

安全访问策略：一套规则，用以确定一个主体是否对客体拥有访问能力，它定义了主体与客体可能的相互作用途径。如授权读、写、执行等访问权限。

访问控制根据主体和客体之间的访问授权关系，对访问过程做出限制。从数学角度来分析，访问控制本质上是一个矩阵，行表示资源，列表示用户，行和列的交叉点表示某个用户对某个资源的访问权限（读、写、执行、修改、删除等）。

（2）BLP访问控制模型

BLP（Bell—La Padula）模型是一种典型的强制访问模型。在该模型中，用户、信息及系统的其他元素都被认为是一种抽象实体。其中，读和写数据的主动实体被称为"主体"，接收主体动作的实体被称为"客体"。BLP模型的存取规则是每个实体都被赋予一个安全级，系统只允许信息从低级流向高级或在同一级内流动。

（3）基于角色的安全访问控制模型

基于角色的访问控制（Role – based Access Control，RBAC）是美国NIST提出的一种新的访问控制技术。该技术的基本思想是将用户划分成与其所在组织结构体系一致的角色，通过将权限授予角色而不是直接授予主体，主体通过角色分派来得到客体操作权限从而实现授权。由于角色在系统中具有相对于主体的稳定性，更便于直观的理解，从而大大减少了系统授权管理的复杂性，降低了安全管理员的工作复杂性和工作量。

2. 数字签名

公钥密码体制在实际应用中包含数字签名和数字信封两种方式。

数字签名是指用户用自己的私钥对原始数据的哈希摘要进行加密所得的数据。信息接收者使用信息发送者的公钥对附在原始信息后的数字签名进行解密后获得哈希摘要，并通过与收到的原始数据产生的哈希摘要对照，便可确信原始信息是否被篡改。这样就保证了数据传输的不可否认性。

数字信封的功能类似于普通信封。普通信封在法律的约束下保证了只有收信人才能阅读信的内容；数字信封则采用密码技术保证了只有规定的接收人才能阅读信息的内容。数字信封中采用了单钥密码体制和公钥密码体制。信息发送者首先利用随机产生的对称密码加密信息，再利用接收方的公钥加密对称密码，被公钥加密后的对称密码被称之为数字信封。在传递信息时，信息接收方要解密信息时，必须先用自己的私钥解密数字信封，得到对称密码，才能利用对称密码解密所得到的信息。这样就保证了数据传输的真实性和完整性。

3. 隐私保护

随着感知定位技术的发展，人们可以更加快速、精确地获知自己的位置，基于位置的服务（Location－Based Service，LBS）应运而生。利用用户的位置信息，服务提供商可以提供一系列的便捷服务。例如，当用户在逛街时感到饿了，他们可以快速地搜索附近都有哪些餐馆，并可以获取到每家餐馆的菜单，提前选定好一家餐馆，选定要吃的饭菜并发出预定，然后用户就可以在指定的时间段内上门消费，这大大缩短了等待的时间。又比如 LBS 服务提供商可以根据用户的位置，向用户推荐其所在地附近的旅游景点，并附上相关的介绍。此类服务目前已经在手机平台上获得了大量的应用，只要拥有一台带有 GPS 定位功能的手机，用户就可以随时享受到物联网所带来的生活上的便捷。但是，当用户在享受位置服务的过程中，可能会泄露自己的个人爱好、社会关系和健康信息。因此，保护用户隐私成为物联网环境必须实施的技术。

第六章　计算机人工智能与网络的应用

第一节　人工智能在各行各业的应用

一、人工智能与金融

(一) 人工智能应用为金融行业创造价值

一般将人工智能技术为金融行业创造的价值分为三个层次：自动化、智能化、创新化。

自动化主要涉及流程性工作，多数场景下是单一的感知智能技术，如计算机视觉识别、语音识别的应用。一方面是金融机构内部的操作流程，如马上消费金融利用光学字符识别技术完成证件信息的识别，解放了相关人力，降低了运营成本。另一方面是金融机构与客户的交互流程，如通过人脸或语音等生物特征进行识别，自动认证客户身份，取代密码等验证方式，优化了用户体验。

智能化主要涉及分析、推理和决策性的工作。应用场景中往往涉及数据挖掘、深度学习以及增强学习等认知智能技术和算法。例如，金融营销中的"千人千面"就是一个典型的智能化场景，通过对潜在客户多维度数据如金融数据、消费数据、社交数据的挖掘，精准绘制用户画像并匹配相应的营销策略、产品，对增量业务获取起到正面作用。

创新化指的是人工智能技术应用带来的金融价值链的变革。其基础在于人工智能技术在某些细分领域的广泛应用，核心是金融机构业务流程、组织架构、商业模式的再造。例如，智能投顾是一个典型的创新化应用，通过人工智能技术为用户进行风险识别、资产配置（公募基金匹配）、投资风险提示等工作。

(二) 影响金融生态的四类人工智能技术

1. 计算机视觉识别技术对金融生态的影响

在金融业实际应用中，计算机视觉识别主要应用在金融机构内部流程以及与客户交互的自动化方面，对风险控制、客户服务等核心价值链产生影响。这些影响体现在对现有重复性人工作业的取代提升，并创造出新的客户交互模式。例如，刷脸支付是一个典型的计算机视觉识别技术应用场景，收款方通过对货品类型和数量的识别直接计算出价格；支付方则通过"刷脸"完成支付过程中的身份认证、风控，避免了相对烦琐的密码等验证方式。这一新型交互方式提升了支付流程端的自动化程度，也提升了用户支付服务的满意度。

在目前的阶段，计算机视觉识别技术在金融机构中已经得到了相对普遍的应用，其创造的价值也已经受到广泛认可，主要体现在自动化带来的运营成本改善上。未来，金融机构不应当寄希望于通过应用计算机视觉识别技术来获取增量业务，核心布局方向应当是以交互、内部运营场景为核心，发挥技术对人工流程的替代作用。尤其是在风控相关业务场景中，在进一步识别风险特征等方面，计算机视觉识别技术仍有巨大潜力待挖掘。

2. 语音识别技术对金融生态的影响

语音识别技术将人发出的声音转化为计算机能够理解的形式，并通过计算机来模拟人发出的语音。其中，声纹识别也是一项在金融领域有重要应用场景的细分技术，通过人的声纹来判断两段语音是否属于同一人。在实际应用场景中，它不但能够对同一人的两段语音做一致性比对，还能区分同一场景中多人的身份。

不同类型的语音技术，其底层都是基于语音信号的声学模型和语言模型。由于不同行业的术语、表达方式等存在较大差异，相关语音模型一般需要针对特定行业和场景进行定制化训练。这也意味着，金融行业专属语料数据的不断积累和更新，是一项重要壁垒。

从技术成熟度角度来看，语音识别技术方兴未艾，尤其是中文语音识别在模型上与拉丁语系存在较大差距，在识别准确率、场景深度交互等方面还有较大提升空间。同样地，在应用环节上，语音技术的相关应用几乎成为大中型金融机构的标配，如客服机器人、合规场景的质检等，实际创造的价值更多体现在对人力的替代，深度复杂的场景应用还有待进一步探索。

3. NLP技术对金融生态的影响

自然语言处理（NLP）是人工智能分支之一，是计算语言学、计算机科学等多学科的交叉技术，能够使计算机分析和处理自然语言，最终目的是实现计算机与自然语言的有效交互。常见的NLP应用方向包括句法语义分析、信息抽取、文本挖掘、机器翻译、信息检索、问答系统、对话系统等，而机器学习是实现这些应用方向的重要技术手段。

在实际应用的过程中，由于不同垂直领域存在不同的词汇、术语，因此

NLP技术一般需要大量垂直领域的文本资料加以训练，对识别模型进行不断优化后才能真正实现商用。

4. 知识图谱对金融生态的影响

知识图谱本质上是一种大规模语义网络，是一种基于图的数据结构，由节点和边组成。知识图谱将现实世界中的"实体"以及它们之间的联系抽象成图结构中的"点"和"边"，从而形成一张关系网络，为计算机提供了从关系角度去分析问题的能力。狭义的知识图谱本身只是语义网络，并不具备直接的金融应用价值，本部分涉及的技术包括图谱本身，也包括基于图的各类分析技术。

知识图谱应用领域有以下三个方面。

知识图谱应用领域之一：精准营销。

在营销场景中，知识图谱可以通过整合多个数据源，形成关于潜在客户的知识网络描述。针对个人客户，知识图谱通过其个人爱好、电商交易数据、社交数据等个人画像信息，分析客户行为并挖掘客户潜在需求，从而针对性地推送相关产品，实现精准营销。

针对企业客户，知识图谱通过分析其投资关系、任职关系、专利数据、诉讼数据、失信数据、新闻报道等信息，实现涵盖企业间资金关系、实际控制人关系、供应链关系、竞品关系的知识网络的构建，从而为企业推荐合适的产品和服务。

知识图谱应用领域之二：产品组合设计。

精准营销更多涉及单一产品的推荐和销售，而客户的需求往往是多元化的，想要覆盖客户多元化的需求，知识图谱技术的进一步应用必不可少。

在金融业务交互场景中，KYC（know your customer，了解你的客户）和KYP（know your product，了解你的产品）两个过程可以基于知识图谱，将客户和相关的产品快速结构化和知识化。在此基础上，快速针对某一客户的各类需求构建专属的产品组合，实现千人千面的智能产品组合设计，可以辅助销售人员更好地为客户服务。

知识图谱应用领域之三：风险评估和反欺诈。

反欺诈是风控中较为重要的一道环节。反欺诈的难点一方面在于整合结构化和非结构化的多个数据源，构建统一的反欺诈模型；另一方面在于欺诈案件常常采取组团欺诈等新型方式，导致欺诈过程包含的关系网络较为复杂，利用普通的大数据分析难以洞察。

知识图谱作为关系的最佳表示方式，允许便捷地添加新的数据源，还可以通过直观的表示方法有效分析复杂关系网络中潜在的风险。比如，在信贷风控场景中，知识图谱可以将借款人的消费记录、行为记录、网上的浏览记录等整合到一起，从而进行分析和预测。

二、人工智能与家居

（一）大量企业入局智能家居产业

智能家居产业完成互联生态构建，围绕感知、判断、动作三大层面，行业角色逐步定位清晰，智能家居将融入大家居与泛家居领域发展，从阵营与渠道的参与可以看到此趋势雏形。长久以来，智能产品的分支产品的市场容量都不够大，导致竞争相当激烈，从过去的经验来看，未来几年智能家居的市场还是会以单品领跑的形式存在，但这种模式也面临着一些问题，由于单一品类很难形成垄断类的产品，导致这些品类的头部品牌还是需要依赖大生态平台的资源。

一方面，随着越来越多的千亿级企业入局单品赛道，构筑人工智能核心硬件，争夺新流量入口，对智能家居市场产生了极大的影响，智能家居已经不再是小范围内的市场，而是从真正意义上拉开了全新的大消费时代的帷幕。

另一方面，智能家居市场部分痛点已经摸清，大众化的需求已被释放，更多的智能家居单品与系统进入到大众市场是必然趋势，但行业的整体进程仍在"无人区"摸索，智能家居市场尚不能被判定为全面爆发。此外，智能化安全需求越来越受到人们的重视，智能锁、智能摄像机、智能传感器等爆款产品都是基于安全的需求。智能安防不仅是单品购买与全宅智能的标配场景，也是空间智能化阵营的必争之地。

（二）智能家居正从"全屋智能"走向"空间智能化"

智能家居市场正式拉开"空间智能化"元年的帷幕，根据用户的真实需求，刷新行业从控制到用户价值的聚焦点，重塑空间价值场景。"空间智能化"反馈到居家空间内，涵盖协议、产品、场景、体验的优化，拓展办公、酒店等B端渠道场景。

全屋智能的概念必须依托家庭的所有空间为平台，通过整合智能家居硬件设备，构建出家庭化的智能管控系统。"空间智能化"更多的是基于场景智能化的智能家居，该概念正在应用到更多的室内环境空间中，以智慧酒店与智慧办公场景为主要拓展场景。

在"空间智能化"的驱动下，企业不再注重控制，而是注重用户场景和生活需求的布局，可操作性已经从app扩展到语音，未来将以视觉和传感操控为主，用户场景和生活需求将围绕安全性、舒适性、健康性、便捷性、温馨性等方面进行拓展，其中安全场景将成为家庭必备。

互联网改变了人和信息、人和服务、人和银行、人和人的关系，物联网将扩大人和周边空间、人与万物的联系，使用户可以连接一切。一些行业如地产进入下半场的存量经营时代，围绕"空间智能化＋智慧社区"进行布局。移动互联网的高速发展催生了一大批信息交流和社区服务的app，"空间智能化＋智慧社区"将基于这些产品予以升级，进行更精准的用户需求匹配，实现1km内的社区居家服务，嫁接社区内外服务，构筑全服务平台。同时，社区也是党和政府联系、服务居民群众的"最后1km"，与智能化同条战线下，1km更是重心中的重心。

三、人工智能与医疗

（一）智能医疗市场分析

1. 大数据技术激发医疗人工智能新潜力

医疗人工智能技术的早期度过了以数据整合为特征的第一阶段、以"数据共享＋较基础算力"为特征的第二阶段。之后，数据质量和数量的爆发以及算力的提升收敛于第三阶段，即目前医疗人工智能所处的以"健康医疗大数据＋应用水平的人工智能"为特征的阶段。

在医疗人工智能落地之前，人们往往对其充满疯狂的畅想。然而"人工智能可以提供什么"与"真实世界需要什么""我们实际能做到什么"之间存在巨大差异。

健康医疗大数据与人工智能技术的结合大致能分为三个阶段。

第一阶段：整体数据量较小，且数据质量不高，这一阶段的主要任务是进行数据层面的整合。

第二阶段：整体数据量增加，数据的共享机制建立，数据搜集成本下降，算力发展处于较为基础的阶段。

第三阶段：数据维度从院内数据、诊疗数据向院外数据、"运动"及"饮食"等范畴扩展；算法先进性的提升和算力的升级助推了医疗人工智能的发展，深度神经网络等更高级的技术形态开始出现。

2. 大量企业入局智能医疗

"医疗人工智能企业"是所有在业务上与医疗人工智能有关的公司的统称，这些企业可以分为"人工智能＋医疗"和"医疗＋人工智能"两种类型。"人工智能＋医疗"指人工智能企业在医疗领域的业务拓展，"医疗＋人工智能"指医疗垂直细分场景创业公司以人工智能技术为优势切入市场以及传统医疗企业在业务发展过程中应用人工智能技术。

智能医疗的应用场景与目标市场为多对多关系，其中医院是医疗人工智能企业最多的落地选择。在医疗辅助、医学影像、疾病风险预测、药物挖掘、健康管理、医院管理、医学研究七大应用场景下，企业与目标市场之间并非一对一关系，而是多对多关系。在八大目标市场中，医院把控患者流量、专业人员配置到位、设备水平较高、标准化程度较高且拥有医保支持，因此成为大部分医疗人工智能企业的落地选择。值得重视的是，"第三方独立医疗机构"是一个完整的定义，其包括医学检验实验室、病理诊断中心、医学影像诊断中心、血液透析中心、安宁疗护中心、康复医疗中心、护理中心、消毒供应中心、中小型眼科医院、健康体检中心等。从目前情况看，我国对第三方独立医疗机构的监管还处于探索阶段，尚未形成统一规范。在实际工作中，各地根据自身情况，结合当地经济发展水平和社会需求进行了不同程度的尝试。

(二) 智能医疗的市场领域细分：医学影像

智能医疗辅助产品可分为虚拟助理类和辅助诊疗类两种。

虚拟助理是指在医疗领域中的虚拟助理，属于专用（医用）型虚拟助理。其旨在基于特定领域的知识系统，通过智能语音技术（语音识别、语音合成、声纹识别等）和自然语言相关技术（NLP、NLU等），实现人机交互，解决使用者某一特定需求。虚拟助理产品可以分为两种。第一，病历：语音电子病历、结构化电子病历；第二，导诊：智能问诊产品、智能导诊产品。

辅助诊疗是指为医生疾病诊断提供辅助的产品。辅助诊疗产品可以分为三种：第一，学影像辅助诊断；第二，医学大数据临床辅助决策支持系统；第三，辅助诊疗机器人，包括诊断与治疗机器人、康复机器人。

人工智能医学影像企业目前以公立医院为主要目标市场，落地逻辑有以下两种：第一，纵向打通各级医院，从三甲到基层医疗卫生机构按比例分布；第二，横向延伸服务对象，除三甲医院外，在第三方体检中心、第三方影像中心均有落地。

未来，社区、民营医院也将成为人工智能医学影像企业的目标市场，面向消费者（家庭场景）的医学影像辅助诊断产品也值得期待。例如，体素科技在2018年推出结合了计算机视觉识别技术与深度学习技术的儿童视力异常检测工具及皮肤病辅助转诊app，用户通过拍摄、上传儿童异常眼行为的视频或皮肤异常情况的照片，即可得到系统给出的诊断建议。

第二节　计算机网络安全技术的创新应用

一、网络安全技术在手机银行系统中的应用

（一）手机银行架构的安全防护

1. 区域划分安全分析

（1）公网接入区

公网接入区不是用户自主的区域，该区域通过专线接入用户的边缘路由器，而边缘路由器通过 DDoS 防护设备和负载均衡设备，再与外层防火墙连接。这一区域是防范外部入侵的第一道防线，配置上应格外小心。

边缘路由器和防火墙之间有一个网络地址，而这一地址在使用上是有要求的。如果使用因特网的私有地址，就可以阻止一些侵害，如阻止从因特网直接访问到路由器的对内网络，或者是防火墙的对外网口。

对两条介入的公网链路，在负载均衡设备上对其进行链路负载均衡，这样既保证了接入带宽的充分应用，又保证了单条链路故障不影响系统服务。DDoS 的设备部署，可有效适应接入链路的攻击防护需要，有效屏蔽针对后部设备的攻击流量。

在防火墙的安全规则中应禁止来自前端设备各端口对内、外层防火墙各端口的访问，万一前端设备被攻破，那该规则可以防止来自边缘路由器的攻击。

（2）DMZ 服务区

该区域是整个网络拓扑对外服务的核心部分，拥有较高的安全级别，经过多层数据封装后传输至 App 应用层对数据进行验签及解密，在确保数据的准确性后提交 App 进行处理。外部用户的主要服务器一般放置在该区域，包括 Web 服务器和 SSL 服务器。

由于外层防火墙和内层防火墙未直接连接，所以若外层防火墙被入侵，入侵者仍无法直接攻击内层防火墙；在该区域内放置入侵检测系统的探头，可及时发现病毒和防止黑客攻击。

Web 服务器在处理请求时可以通过两个渠道进行：行内业务和手机支付业务。行内业务是指 Web 服务器将处理请求提交到 App 服务器之后，App 服务器再进行相应逻辑处理并返回结果；对于手机支付业务，Web 服务器将业务请求提交到电银的增值业务服务器，增值业务服务器对其进行相应处理，处理好的数据被返回给 Web 服务器之后，一次业务操作的处理就算完成了。

第六章 计算机人工智能与网络的应用

Web 服务器与 App 服务器之间需要进行请求,而这一过程必须通过内网进行,并且处于不同区域,App 服务器与增值业务服务器之间的网络连接是通过专线接入增值服务商机房的,中间不经过外部路由,这样就使数据传输的安全性得到提高;也可以通过 Web 进行转发增值业务服务与 App 服务之间的业务提交,但无论哪种方式都需要对数据进行 RSA 加密,以保证数据传输过程中的数据安全。

(3) 应用服务区

该区域部署应用服务器(App)和数据库服务器,手机银行应用服务器通过内部防火墙的 inside 口,实现到内部网及后台核心业务系统的通信,串联银行核心系统中的各个模块,形成相应的业务流程,对外提供访问接口;并在这些业务流程的基础上,实现事务管理、用户管理和日志记录等功能,同时与 Web 服务区的服务器以及本区域的业务数据库服务器进行通信;提供从内部网银 App 的管理平台到 Web 服务区的服务器的 FTP 推送。在该区域内可以放置入侵检测系统的探头,及时发现病毒和防止黑客攻击。

(4) 后台服务区

该区域是用户的内部网络,网银内部管理柜员从此网段访问内部管理系统。

2. 逻辑关系划分安全分析

终端客户对展现服务进行访问时,先由 SSL 提供握手协议,然后对通信双方进行身份认证以及交换加密密钥等处理,以确保数据发送到正确的客户终端和服务器,维护数据的完整性和安全性。在展现服务与 App 进行通信前,由加密平台负责对数据进行转加密,cfca 对数据进行证书签名,在进行多层数据封装后传输至 App 应用层,在应用层先由验签服务器对数据进行验签及解密,在确保数据的准确性后提交 App 进行处理。

手机银行应用服务(App)负责提供业务数据给手机渠道展现服务,展现服务负责组织展现页面提供给手机终端。按照银行需要在手机渠道上提供的业务种类,在手机银行应用服务上定义不同业务的业务代码,然后按照业务流程进行相关的核心系统调用,以及日志记录和数据存储,并对这些流程进行事务管理。

(二) 手机银行系统客户端应用进程的安全防护

1. 越狱设备检测

采用自定义的图形键盘虽然能够防止键盘监听,但是木马程序依然可以通过屏幕截屏的方式获取用户输入内容,经过研究确定截屏的风险主要集中在越狱和破解手机上。

在 iOS 系统上，未越狱的设备不存在屏幕截屏的风险，因为应用程序运行时必须由用户触动截屏按键才能截屏，而无法由木马程序自行控制，但是越狱后的 iOS 设备就无法保证了。

在越狱后的 iOS 设备和获取 Root 权限的 Android 设备上，木马程序可以很轻松地绕过手机操作系统的安全防护，获取操作系统底层 API 的支持，并且在不同的越狱和破解过程中可能本身就会在破解后的操作系统中植入木马。因此，越狱后的 iOS 设备和破解 Root 权限后的 Android 设备是不安全的，在不安全的操作系统上，单纯依靠应用程序的安全策略是无法保障安全的。因此，当用户设备越狱或者破解 Root 权限后，在客户端程序安装或运行时会提示客户正处于不安全的手机操作系统环境。

2. 客户端反劫持设计

客户端反劫持设计目前仅在 Android 系统中出现。Android 为了提高用户的用户体验，对不同的应用程序之间的切换，基本上是无缝的。他们切换的只是一个 Activity，让切换的在前台显示，另一个应用则被覆盖到后台，可见，Activity 的作用就好比一个人机交互所呈现出来的界面。而 Activity 的调度是交由 Android 系统中的 AMS 管理的。AMS 即 Activity Manager Service（Activity 管理服务），各个应用想启动或停止一个进程，都是先报告给 AMS。停止或者启动 Activity 的命令传到 AMS 时，它首先会更新内部记录，更新完毕之后，对应的程序就会对指定的 Activity 执行停止或者启动的操作。如果一个新的 Activity 被启动时，那么前面正在运行的 Activity 就会被停止，启动和停止的 Activity 都会保留在 Activity 栈中，这个栈是系统用来记录 Activity 的历史栈。启动的 Activity 就会显示在手机上并且进入 Activity 历史栈栈顶。当有 Backspace 键入时，系统的操作是弹出栈顶的 Activity，此时前面运行的 Activity 就会被恢复，当前的 Activity 就是栈顶。

3. 防止软件篡改——客户端自校验

自校验的目的是防止程序被恶意病毒篡改，或者被别有用心的人对原有程序稍做修改后重新打包上传分发给他人使用。

由于修改后的应用程序与原有的应用程序在内容与大小上已不一样，因此我们只要比对应用程序的 Hash 值就可以知道用户使用的程序是否是我们发布的程序，其设计流程如下：

①当有新发布的 App 客户端时，服务器就会记录下它的版本号和 Hash 值。其中 Hash 值根据随机秘钥（校验码）的产生定期更换。

②客户端启动时，发送校验请求。

③校验服务器生成校验码回送给客户端。

④客户端根据校验码、版本号生成校验信息,并通过加密信道回执给校验服务器进行校验。

⑤服务器取出对应版本 App 的 Hash 值与客户端上传的 Hash 值进行比对,若一致,表明是正确的;若不一致,则表明应用程序被篡改过,提示用户并终止运行,服务器清除 Session,终止客户端的后续请求。

4. 对客户端系统进行病毒检测

在第一次安装运行时或者每次启动时,检测系统是否有恶意病毒,若检测到有,则提示给用户,其实现方案如下。

在服务器上建立简单的病毒数据库,即记录我们知道的每一个病毒的 Hash 值。病毒数据库会在手机银行客户端启动时进行下载或者更新。

客户端在进行病毒检测时,枚举当前系统的每一个应用并获取该 Hash 值,然后与病毒数据库进行比对,若出现相等的 Hash 值,则表明此应用为病毒。此时手机就会给用户发送提醒消息,提示此时手机中有病毒,手机银行的各种操作将会被终止。

二、网络安全技术在养老保险审计系统中的应用

(一) 养老保险审计系统需求分析

1. 养老保险业务流程分析

参与了养老保险的员工及个体劳动者,其养老保险金额需要经过收缴、保管、资金储备、调剂等流程,同时退休人员定期领取养老金也是养老保险业务的一个重要职能。养老保险基金的收取与其他险种一致,首先需要对用户的信息进行采集,然后对信息进行储存,再来分析相关的金额发放标准,最后监督和预测基金的储备运用状况。整个业务流程具有现代化的特点,并且由于系统包括外网公众服务用户、内部用户等多种类型的业务用户,因此在用户认证方面有较高的要求,以此来防范多用户带来的潜在安全风险。

2. 功能需求分析

养老保险的系统中首先需要保证对养老金的收集、支付以及资金管理,系统必须确保养老保险金额运行的安全,同时确保参保人员能够按时领取养老保险金,下面进行详细的介绍。

(1) 账户管理

①首先是对参保人员进行信息登记,建立基础信息表格,对应填写基本信息,制定好不同类别的参保人员的信息设立标准。

②缴费的标准规定。单位职工缴费必须按照每月足额缴费,而个人账户则应该由单位缴纳后的数额计算后建立养老保险的业务分账。

③系统在收集了不同类别参保人员的基本金额后，要将基本的资金数据往来信息填写到不同的账户信息表中。

④按照参保人员提供的支付环节的信息资料对个人账户的资金支付情况进行记录。

⑤按照不同的职工养老保险金额的标准对参保人员的养老金利息及时进行调整。

（2）信息变动

①参与保险人员信息变化：参保人员在进行初次参保时要进行信息登记，同时如果需要，还要对信息进行修改、注销、冻结等一系列操作。参保人员的信息录入系统后还需要在相关的本地单位进行信息表打印，缴费单位也需要对每个不同的参保对象的缴费金额进行审核，录入每个人的缴费状况。

②参保人员情况变化：每个参保人员的信息必须保证是独一无二的，不能出现重复的参保人员。个体参保人员的工作情况发生变化后，需要对他们的信息进行及时的更新，当参保人员从待业的情况转变为在职职工后，也需要及时地更新参保金额。个体工商人员转变为在职职工时也需要重新进行参保信息登记。对一些曾经中途未交费的人员，可以进行资金的冻结，同时对一些账号进行解冻的操作。当参保人员达到退休年龄后，要及时进行信息和账户的更新，以及金额的返还和退账。

（3）基金征缴

①不同的单位缴纳的养老保险金额不尽相同，因此，要按照不同的标准进行养老保险金额的扣除，同时再根据子系统的接口在地方的税务直接进行税收支出。

②缴费单位的缴费手续需要直接到社保的办理机构进行缴纳，同时完成相关的养老保险费率的缴纳手续。

③养老保险拖欠缴纳的单位，中心机构要及时发放"养老保险催缴通知书"，督促未缴费的用户尽快缴纳相应的保险费用。

④部门参保人员的账户欠费或者中断后要进行补缴。

⑤每月月底要进行缴费情况的统计分析，同时对养老保险金额进行金额的资料统计。

（4）待遇发放

①首先要对参保人员的信息进行审核，确认参保人员应该享受的待遇和金额数目，编写相关参保人员的花名册和账目表。

②对不同的参保人员的退休和资金待遇发放的方式以及时间有着不同的规定。

③参保人员的金额可以通过银行账户划定或者通过邮寄的方式进行发放。

3. 性能需求分析

社保的联网审计系统可以通过对社保业务信息进行集约化处理,同时确保社保业务能够全方位和全过程地被监控。养老保险审计系统首先要按照审计厅的要求进行系统搭建,进行集中的系统数据处理,然后利用计算机和互联网技术,将审计部门的社保数据库完善,最后对社保部门的数据库进行实时的数据采集,以确保数据的安全和准确,将审计系统传统的人工方式和目前的现代化系统进行结合,最终形成高效的信息系统。该系统有以下几个特点。

(1) 高效性

系统采用了目前最为先进的开发技术,因此系统能够较为高效地处理大批量的数据,同时保证社保局内部能够对数据进行集中的处理。由于我国人口众多,而参保人员的数目也十分庞大。因此,系统首先要具备高容量的存储能力,其次就是网络信息的连接也必须能够高效地进行数据的传递,实现系统内部信息的集中分布和审计的信息存储以及审核能力,为审计人员提供一个良好的审批环境。

(2) 标准性

根据国际上的标准化组织认证,首先必须要在业务功能需求被满足后才能进行其他的功能设置,因此,系统中的各个编码都采取了国际认证的标准,同时按照统一的身份、资源以及界面的制定规则,使整个系统的设计都偏向于标准化设定。

(3) 先进性

本系统的设计框架、工具技术以及搭建的平台都选择了目前最为先进的工具。首先在平台的搭建上,要采取目前建设比较成熟完善的平台。在技术方面则是要根据系统的特性选取最适合的技术。在面向对象时,要能够进行对象的分析、模块的设计以及架构的设计,以提高整个系统的水平,不光要让用户具有较高的体验感,同时还要便于维修人员维修,确保系统的稳定性和流畅性。

(4) 扩展性

系统的搭建采用的是积木式的搭建形式,也就是在不同的功能分区都留出对应的接口,让数据能够在不同的组织之间进行流畅的迁移。另外,由于养老保险制度的变化很快,会经常需要对系统进行组织的方法更新,因此,要具有可扩展性。

(5) 开放性

开发性指的是系统的开发架构、技术平台等工具都必须采用具备良好开放性的产品,要符合这个需求,要从不同的数据库中找到并且采集不同的数据,提供不同的接口进行数据的传送，同时还要在多个不同种类的业务系统中建立一个共用的、开放的软件系统。

(6) 可维护性

系统的设计不光是要进行顺畅的使用，同时还要确保系统出现问题后便于进行维护。首先，系统的机构和分层设置必须要保证数据和服务器的划分；其次，要在开放性的平台上进行系统的搭建；最后，要利用不同的封装系统，进行规范化的处理。

(7) 安全可靠性

基于审计和个人信息的特殊性，该系统在网络上运行时必须要保证所有的数据和信息都具备一定的可靠性。同时，系统运行时也要保证稳定性。

(8) 普遍性

由于该软件的适用范围和推广范围比较广，不同的省份都需要用到该软件，因此，系统必须能够定期地进行升级和更新以适应不同的情况。

4. 安全技术需求分析

安全技术需求的具体分析主要有以下三点。

(1) 安全邮件

网络安全技术日常最重要的引用就是邮件的收发。所谓安全邮件，是指为客户提供安全身份认证和机密性的服务。通常采取对邮件加密的形式以满足客户网络安全的需要。系统主要针对邮件中的信息尤其是图像等不被他人窃取的问题进行开发，并通过安全邮件实现系统安全性。

(2) 防火墙

从本质上而言，防火墙作为安全系统中的隔离技术，被用作网络中的壁垒，对可能存在的破坏因素入侵能够做到有效预防。防火墙能够按照现有网络安全形势，将内网的重要信息对外网进行屏蔽，因为在系统开发过程中，需要防火墙的隔离技术对内网进行安全保护，以有效防止黑客等入侵内网，提升安全性。

(3) 入侵检测

所谓入侵检测，是指网络安全技术中通过对网络数据和信息的收集、统计和分析，对是否存在网络攻击行为进行检查，以此检测入侵行为。一般情况下，入侵检测是防火墙隔离技术后又一道安全屏障，其作为防火墙的辅助，能够有效应对网络攻击行为，提升系统管理的安全管理能力。入侵检测的方式主要有两种，分别是异常检测和规则检测，它们都是网络安全技术的关键组成。

（二）养老保险审计系统的安全分析与风险防范

1. Web 应用架构分析

（1）JSP+Servlet（Javabeans）方式

在该实现方式中，Web 服务器对客户端发送过来的请求进行接收，与程序服务器进行 Java 端程序 Servlet 的执行，对其输出进行返回处理以实现信息资源与客户机的交互处理。通过浏览器的运作，客户端能够实现对数据信息的增、删、查、改等功能。

（2）JSP+SERVELET（Javabeans）+EJB 方式

当前系统使用的是集中式的管理模式，但是这种模式只适合规模较小的系统或是当地的经办机构没有建设相关系统的地方，在已经有完备系统的地方不需建设。但是考虑到这些城市在将保险业务的系统信息进行交换时会比较麻烦。

2. 物理访问控制技术

确保电脑内部的物理不危险是整个系统安全的前提。什么是物理安全，即在一些常见的自然灾害中保证电脑网络的硬件设备不被损伤，以及保护电脑不被违法犯罪分子进攻，造成损失。物理安全主要分为设备方面、线路方面以及环境方面。

（1）环境安全

电脑周围的环境不发生危险，电脑就是安全的，如灾难保障以及区域保障。

（2）设备安全

多次强化工作者对安全的重视，这样就能使设备在保护电源、拦截电路、拦截电磁波的干扰等方面得到保护，特别是设备冗余备份。

3. 网络访问控制技术

这个电脑按照其自身的配置在相关的地域安装了防火墙，并且可以达到所要求的配置，让本部的地区访问外面的地区。外面的地区也可以访问服务器和与科室电话相关联的体系。这些均被安装在路由器和交换机的地方，外网以及内网分别与因特网和交换机的接口相连，这样就能经过这个装置排除外面电脑的攻击。

4. 网络传输安全技术

想要在触底信息时不泄露，既要运用 VPN 体系，在各个地区设置机密的沟通渠道，又要让视频会议以及打电话的信息可以传输不受干扰。VPN 的作用如下。

（1）具有使资料加密的作用，电脑 IP 资料包可以受到保护。在认证的

TCP/IP 协议下面，FTP、www.Telnet 等有关的活动都可以正常进行。

（2）具有信息认定的作用，IP 资料包被保护。被保密的 IP 文件经过决策之后，所有的文件上都有验证码，只有通过了验证才能进行下一步操作。

（3）具有包装 IP 资料包的作用，让 IP 资料包能够更完整。读取不安全的资料包时，会进一步特殊加工，确保里面的资料不被损坏。

（4）具有防火墙的作用，阻挡不安全的使用者进攻电脑的访问体系。

（5）采取了 Socks5 VPN 的有关规定。配备了 Socks5 VPN 客户端，就可以经过这个端口控制访问程序，而且可以把这种程序转化成协议传递给 Socks5 VPN 端口审查，Socks5 VPN 端口就是按照传递者的资料验证身份是否真实。运用这个方法，Socks5 VPN 服务器以及 Socks5 VPN 端口就是中间人，能够验证使用者的身份资料，控制该用户访问的权限，只有经过了验证才能使用权限操作，以确保内部的电脑安全。

5. 入侵检测技术

客户端验证防火墙的身份就能防止危险因素入侵，让体系更加安全，因此，全部的权限都属于防火墙掌控。然而防火墙不是万能的，出现新的不能识别的进攻就连防火墙都不能阻挡。因而还是要使用检查的装置保证安全，针对所有的访问都要一个个验证检查，并且要记录下来。这种产品就是入侵检测系统。这个体系具有随时报警及智能识别的功能，可以对所有的访问监管，如果没有通过验证的请求进入体系，就会被检查出来。随之出现报警信号，然后拦截攻击，向管理工作者汇报、联系防火墙阻挡。这个体系使用了分布式方法，所以使用者能够通过特殊的端口监管全部的防火墙系统。安装一台检查入侵的机器在监管的摄像头处，就能够实时监测窃听通过这个端口发布和接收的信息。信息会被显示、扫描、记录、报警，并且会在所有有显示器的地方显示。因为这个体系发展很快，所以启明星辰、Security Internet System（ISS）、赛门铁克、思科等一些企业都有相关的软件。

6. 用户合法身份认证技术

在这个系统的端口处安装了一个 EPass 验证的软件，使用者在网络上初次安装 AcitiveX 软件时，就能够识别 MAC 的区域以及硬件的相关信息，并且识别之后就能传输到终端的客户端口，终端的客户端口就会把 EPass 里面的使用者的编程程序以及 MAC 区域标志和硬件的资料储存起来。当使用者进一步使用客户端提交验证时，所提交的验证码就会被识别分析。

三、基于区块链的网络安全技术的应用

（一）区块链技术

1. 区块链的链式结构和安全性

区块链正是其名称所表达的，一组以密码方式（主要为 Hash）将数据连在一起的链，它还记录了网络上节点执行过的所有事务。首先，我们需要了解区块链的头部组件，头部组件包括版本号、前区块哈希、默克尔根、时间戳等重要结构。区块链与链表非常相似，每个块都包含一个指向前一个块的指针。

区块链的一个关键区别是，每个块都包含一个指向前一个块的散列指针。每一个节点的 Hash 都具有两个功能：指向前一个块位置的指针或引用，以及该块的 Hash 散列加密。存储前一个块的密码散列允许我们验证我们所指向的块没有被篡改。要验证一个块，只需将存储的哈希指针与前一个块的哈希进行比较，并确保它们是相等的。

区块链正是利用了 Hash 函数的优点，将数据存储在块中并进行物理上的串联，以达到数据逻辑关联的目的。工作时，区块链通过时间戳保证信息同步，通过 Merkle 根进行事物的逻辑关联，通过 P2P 技术在网络中安全地共享信息，并同时利用一定的激励机制、共识算法和智能合约技术保证信息在网络中的有效安全流动。

2. 区块链中的事务交互

网络资源间或其中节点间的通信称为事务，当客户端希望执行一个事务时，它便将该事务广播给链中的所有节点，接收节点验证事务并发起协商一致协议。根据协商一致协议的结果（协商一致协议可能差异很大），将事务插入一个块中，并传播到其他节点，通过添加新块来更新每个节点中的链表数据结构。

3. 共识机制

共识机制是分布式网络中互不信任节点间建立共识的规则与方法。区块链可以被怀疑其可信度，但是该技术提供了一种机制来验证添加到区块链中的数据是否合法。为了实现这一点，所有的节点都需要一种方法来就绝对正确的版本达成一致。用来达成协议的算法被称为"共识算法"。简而言之，共识算法就是要保证即使存在一定比例的恶意或错误节点，所有真实的网络节点也要就新事务的有效性达成一致。共识算法有很多，它们都有不同的优点和缺点。在任何网络中，共识算法都必须要满足一定的安全性、能耗和计算需求。我们将介绍一些最著名的共识算法，并进行适用环境的利弊比较。

4. 零知识证明

零知识交互证明（Zero－Knowledge）是双方之间的一种证明协议，顾名思义，其中零知识属性是最有趣的。在零知识证明中，验证者对被证明不能单独学习的事实，除了证明它是正确的之外，没有从证明者那里学到任何东西。这是非常有用的，因为它解决了密码学中最大的问题之一，即证明者如何能够证明他知道一个秘密，而实际上不披露它。在零知识证明中，验证者甚至不能向第三个人证明这个事实。

（二）物联网和区块链

物联网是"连接物、传感器、执行器等智能技术的基础，可以实现人对物、物对物的通信"。物联网的主要目的是通过网络共享有关物体的有意义的信息，并将这些信息利用在我们生活中的制造、运输、消费等方面。随着技术的普及，物联网必将更加深入地参与并帮助我们的生活和工作。尽管物联网技术潜力巨大，但它仍面临一些重大的技术挑战。设备数量极大，设备种类极多，设备之间交互随机性、并发性高和设备之间计算存储能力的不平衡是物联网的最大特点，这就导致了安全性、连通性和设备间相互信任等危机，对物联网安全解决方案构成了真正的威胁。

在物联网环境中，大部分通信是设备与设备（M2M）协作，根本没有人工中介的参与和验证。在这种情况下，如何在参与设备之间建立信任是一个主要的问题。区块链在这方面可以说是为物联网提供了一个完美的解决方案。区块链通过确保设备的真实性和提供广泛可信可溯源的网络保护来提高设备之间的信任。同时，智能合约技术也保证了这样的网络也可以主动检测。当区块链与物联网系统集成时，区块链可以提高整个系统的安全性。区块链具有良好的隐私和安全特性，这在物联网系统中是必不可少的。它是分布式的、密封的、可查的、安全的，有助于物联网系统克服它们的关键缺陷。正是这种分布式设计，才保证了设备集群不依赖网络中的任何特定节点，如果有任何设备的完整性受到损害，它可以安全、快速地断开网络。由于区块链是由相互连接和分布的数据块组成的，数据不是存储在中心 DB 中，因此，它们可以更快、更有效地利用节点集群的计算资源，更能抵御攻击。此外，区块链还使用强大的加密算法和哈希技术，故非常安全。区块链事务总体透明，保证了用户的身份验证不存在屏障，可以有效防止恶意用户、设备渗透和污染区块链网络。可以说，区块链技术有助于构建事物隐私、设备间信任的物联网环境。

（三）基于区块链技术的物联网拓扑模型

1. 网络拓扑

每个网关节点下层为与其在同一个物理区域或局域网的物联网设备。私有网络是包含节点（网关节点）的局域网，该网络中设备分为两层。下层设备是指常用的物联网设备，如手机、智能手环、智能手边、传感器。下层设备可以不具有较强的计算能力，同时下层设备也不能直接连接到区块链网络中，它们只能作为局域网的节点，而并不能算作区块链节点，这是由于区块链节点需要具有一定的计算和存储能力。

2. 新型区块结构设计

区块链与传统的交易网络有着本质的区别，具有多种特殊的特性。它们的关键功能包括加密（非对称加密）、散列、链接块和智能合约。区块链事务表示双方之间的交互，加密货币事务表示在区块链用户之间传输加密货币，这些事务也可以指消息的传输或记录活动，区块链中的每个块可以包含一个或多个事务，区块结构依据区块的事务来设计。

区块链本质是一个分布式数据库（账簿），区块头相当于数据账簿的索引，而区块体则记录具体的交易，在物联网环境下，传统的区块已经不能满足物联网环境，区块体设计与该方向不相符，产生大量数据结构层面的冗余，必将导致新区块入链和更新等操作的资源浪费，如以太坊（Ethereum）的区块结构更适合金钱交易，并且不注重实体设备，这与物联网这种大量实体设备的环境产生了一定的冲突。由于物联网环境的特殊性，物联网设备可能并不具有较高的计算能力，虽然本文提出的网关节点模型需要建立在网关节点具有计算能力和储存能力的条件上，但是相比于作为以太坊节点需要的计算和存储能力，我们不希望只有高性能的电脑或服务器才能参与到区块链中来。要应用于物联网环境，就要降低这种计算开销，减少计算力的依赖，因此，重新设计区块结构成了必然。

第三节 人工智能在网络安全的应用

一、人工智能技术在广电网络安全中的应用

（一）在基础设施网络安全中的应用

广电网络的基础设施是整个网络运行的基石，其安全性直接关系到网络的整体稳定性。人工智能技术在这一领域有着广阔的应用面。举例而言，可以人工智能技术为依托，构建集终端安全管理、堡垒机、漏洞扫描、数据库审计及日志集中分析等功能于一体的安全管理系统，从边界防护、入侵检测、安全审计以及安全响应等方面出发，全面提升安全审计能力、终端管控能力以及漏洞

发现能力。通过架设业务专网区、业务数据区、应用服务区等模块，并与网络接入区、核心交换区等建立连接，保障基础设施网络安全。

在系统的实际应用中，可利用机器学习技术，对设备日志进行分析，实现对基础设施运行状态的实时监测。通过对设备日志进行深入挖掘，机器学习算法能识别出异常模式和潜在风险，预测设备的故障趋势。这样，安全人员可提前进行设备维护，避免因设备故障导致网络中断、数据丢失。通过对网络流量进行深度学习，人工智能技术还可检测出异常流量，如分布式拒绝服务攻击（Distributed Denial of Service attack，DDoS）、恶意软件传播等。这种实时的流量识别技术，将有助于广电网络及时应对网络攻击，保护网络基础设施的安全。

（二）在数据与应用安全中的应用

广电网络中的数据是攻击者重点关注的目标。人工智能算法在这一领域也具有重要的应用价值，主要体现在数据加密、访问控制以及应用安全检测等方面。

第一，数据加密。可应用机器学习技术与加密算法，对数据进行加密处理，保护数据的机密性和完整性，有效地防止数据在传输、存储过程中被窃取或篡改。人工智能技术还可实现智能化的密钥管理，确保密钥的安全使用和存储。在实际应用中，机器学习算法可被视为模型。技术人员可使用密码学算法加密这些模型，保护数据的机密性。

第二，访问控制。通过对用户身份和行为进行分析，可实现对用户的精准授权，防止未经授权的访问，及时发现并处理恶意行为。

第三，安全检测。利用机器学习技术，可对应用程序进行行为分析，识别出潜在的恶意行为和漏洞。借助自然语言处理技术，可对应用程序中的文本内容进行过滤和审核，防止不良信息的传播，从而显著提升广电网络数据和应用的安全性。

（三）在态势感知系统中的应用

态势感知系统是广电网络安全防护的重要组成部分。人工智能技术在这一领域的应用，主要体现在对网络环境和安全事件的全面监测和分析。

在系统中，可利用人工智能技术，基于大数据分析和挖掘技术，对网络流量、安全事件等信息进行关联分析，揭示出网络安全的整体态势和潜在风险。还可将这些信息进行可视化展示，帮助安全人员更直观地了解网络安全的状况。这样，安全人员可制定相应的安全防护策略，提高广电网络的安全防护能力。此外，人工智能技术还可与其他安全系统联动，实现更全面的安全防护。例如，可将人工智能技术与入侵检测系统、安全审计系统等相结合，实现对网络安全的全方位监测和防护。

(四)在风险发现闭环处置中的应用

广电网络安全防护需形成一个完整的风险发现、分析、处置和反馈的闭环流程,人工智能技术在这一流程中发挥着重要作用。通过合理应用人工智能技术,可提高风险处置的效率。举例而言,技术人员可利用机器学习技术,对安全事件进行自动分类,通过对大量安全事件的学习,机器学习算法可自动识别出事件的类型和级别,为安全人员提供有针对性的处理建议,这样可显著减少人工处理的工作量,提高风险处置效率。通过对网络设备和应用程序进行深度学习分析,人工智能还可检测出潜在的安全漏洞,并自动生成修复方案。这种自动化的漏洞修复技术可显著提高漏洞处置的准确性,降低安全风险。此外,还可利用自然语言处理技术,自动生成、解析安全报告,通过对安全事件的自然语言描述进行解析,可自动生成详细的安全报告,帮助安全人员快速了解事件的来龙去脉和处置情况。通过对报告中的关键信息进行提取,可为安全决策提供有力支持。

二、基于人工智能技术的数字图书馆数据库网络安全的探讨

(一)数字图书馆数据库网络安全建设中人工智能技术的必要性

1. 保障数字图书馆数据库网络安全

现阶段,数字图书馆数据库网络安全问题十分紧迫,利用信息技术的同时也为图书资料、数据信息安全带来了挑战。数字图书馆数据库中不仅存储着大量图书资料,还包括访问者的个人信息,为了保障数字图书馆数据库与读者个人隐私安全,借助人工智能技术能在一定程度上维系数字图书馆数据库网络平台运行使用过程中的总体安全性,提高数字图书馆数据库网络安全保护水平。人工智能技术在数字图书馆数据库网络安全保护中的应用有利于弥补传统网络攻击防护手段的不足,即防火墙、病毒查杀、入侵检测等数据库网络安全保护手段在面对新型网络安全攻击已经有所乏力,需要利用模仿人类思维的人工智能技术进一步提升数字图书馆数据库网络安全保护水平。

2. 确保数字图书馆数据库信息完整性

人工智能技术在数字图书馆数据库网络安全中的应用有助于维持数字图书馆数据平台运行过程中信息的有序性、完整性。信息时代,网络信息安全不仅包括数据库数据信息的安全性,还涵盖了数据系统的可用性,即数据的有序性、完整性。一些网络攻击可能会导致数字图书馆数据库数据信息完整性被破坏,一些数据被篡改、毁坏,都是影响数字图书馆数据库网络安全的体现。人工智能技术可以基于数字图书馆使用者以及读者的需求,实现更深层次的数据

库网络安全保护。如结合大数据、物联网等技术，对数字图书馆数据库中涉及各项数据信息要素技术操作行为进行监控，对图书馆数据库中的数据信息、个人信息等进行保护，保障各类信息的完整性。

（二）人工智能技术下数字图书馆数据库网络安全保护措施

1. 加强人工智能技术的软硬件更新与维护应用

鉴于数字图书馆数据库所使用的计算机自身漏洞与缺陷带来的安全隐患，实践中需要通过利用人工智能技术的软硬件更新与维护来不断弥补相关缺陷和漏洞，从而保证数据库的整体安全性。具体而言，传统的数字图书馆软硬件更新与维护更多的是依靠人来进行，这就在操作上可能存在人为差错或者不及时的情况。而基于人工智能技术，按照数据库现有的结构形态和软硬件应用情况，利用计算机算法对以往计算机漏洞缺陷问题、发生频率以及解决方案等进行分析处理，进而形成一套历史数据的软硬件更新维护模型，用以在日常运维中动态监测数据库软硬件相关信息数据并进行预测。如果后续可能存在软硬件漏洞被利用的可能，则自启动系统更新维护程序，检索计算机软件的最新版本并及时进行更新，同时根据硬件所存在的问题，进行故障问题排查，进而向维护人员发出维护预警，供维护人员及时对硬件进行维护。由于人工智能实现了软硬件更新维护的自动化、智能化，所以使数据库计算机系统的维护更为及时，能够在缺陷和漏洞被利用前完成修补和故障处理工作。

2. 加强人工智能技术的数据安全防护技术应用

鉴于现代网络数据信息安全形势日益严峻，数字图书馆自身又面临着外部非法攻击与内部非法操作行为的威胁，所以在数据安全层面必须加强人工智能技术的各类安全防护技术应用，以发挥人工智能优势，提升数据库的整体安全防护能力。

（1）构建人工智能网络安全态势感知系统

在数字图书馆数据库网络安全领域，人工智能的主要应用是通过计算机算法来识别用户、数据、设备等行为模式的异常行为与正常行为，帮助数字图书馆数据库网络安全管理人员分析海量的网络数据中潜藏的新类型威胁与预防。因此，数字图书馆应基于人工智能技术构建起一套融合大数据、云计算等现代科技的数据库网络安全态势感知系统，监测非法行为。人工智能安全态势感知系统的核心包括图书馆数据库网络异常监测技术、可视化技术等。配合各类新信息技术以及统计分析法，搭建数字图书馆数据库人工智能网络安全态势监控系统，能够最大限度地为数字图书馆提供数据库网络安全信息。

（2）人工智能数据加密技术

人工智能数据加密技术是一种保护数据的方法，通过加密技术可以将数据转化为无意义的密文，从而防止非法用户对其进行访问。针对数字图书馆数据库网络安全防护而言，人工智能的数字加密技术具有智能化、高效、易用和加密强度高的优势，其能够通过对称加密算法、非对称加密算法和不可逆加密算法对数字图书馆数据库信息传输过程进行加密保护，由于其加密方式多样，所以被破解难度更大，能够有效确保数据在传输过程中的安全性，避免数据被破坏或盗取。

（3）人工智能的访问权限设计

人工智能的访问权限设计是一种利用人工智能技术实现安全访问的方法。在传统的数字图书馆数据库访问权限设计中，通常采用规则匹配和访问控制列表等技术来限制工作人员和用户对资源的访问。然而，这种传统的方法并不够智能，难以应对数字图书馆日益复杂的应用场景。而人工智能的访问权限设计可以通过机器学习、深度学习等人工智能技术来实现更高效的访问控制。例如，可以使用机器学习算法来分析工作人员或者用户的行为模式，从而预测其访问意图，以此来实现访问权限的智能控制。除了预测用户的访问意图，还可以使用人工智能技术来实现数字图书馆数据库访问权限的自动化管理。例如，可以使用深度学习模型来自动化识别资源的敏感程度，并根据资源的敏感程度来自动调整访问权限。

3. 加强信息化人才队伍建设

人工智能技术在数字图书馆数据库网络安全中的应用还不成熟，具体如何利用人工智能技术应对数字图书馆数据库网络安全风险还需要在实践过程中不断探索。因此，有必要加强数字图书馆信息化人才队伍建设。一方面，要提升数字图书馆数据库网络安全防护人员的职业素养与综合能力，加强职业道德培训，让相关人员明白数字图书馆数据库网络安全防护的重要性，规范数字图书馆操作人员的各项行为，减少人为漏洞；另一方面，应对人工智能技术应用水平低的问题，可引入人工智能专业的学生，并定期对其开展培训，确保数字图书馆信息化人才队伍的综合素养能满足数字时代图书馆数据库网络安全的需求。数字图书馆数据库网络安全防护人员需要结合工作经验，对可能出现的网络故障或风险提前部署，做好防护手段。

4. 加强用户安全教育和智能化引导

读者即数字图书馆用户是使用数字图书馆的一大主体，用户操作不当或用户终端遭受木马病毒攻击都可能会对数字图书馆数据库网络安全造成威胁。因此，人工智能技术在数字图书馆数据库网络安全保护中的应用还需要考虑用户安全教育，提升用户网络安全保护意识。传统宣传与教育方式明显已无法适应现阶段数字图书馆数据库网络安全保护宣传的需求。为此，我们在利用人工智能技术防范外部网络或木马下载侵袭时，还要防范数字图书馆数据库内部用户对数据安全性带来的威胁。例如，部分用户的移动存储设备可能有携带病毒的风险，未经病毒查杀就插到了图书馆计算机设备中导致数字图书馆数据库受到攻击。利用人工智能技术提供智能导向服务，引导用户在进入图书馆数据库网络前自觉对病毒进行查杀，降低病毒的损害。

三、人工智能时代健全网络安全治理体系

从人工智能技术推动网络安全治理机制变革的视角，从网络法治建设、领导管理、技术治网、内容管控等层面提出人工智能时代下多元主体参与的、智能化的网络安全治理体系。

（一）网络安全治理的法治建设

针对人工智能等新技术下出现的违法犯罪和侵权隐私等问题，网络安全治理需要抓紧推进相关法律法规的制定和完善，这样才能在执法时做到有法可依。

黑客攻击、内容造假和深度伪造、权责归属、信息茧房、数据垄断、隐私泄露、数字鸿沟、区块链技术下的权力迭代与利益纷争、网络意识观念入侵和系统性安全等新问题，需要完善相关的法律法规。大数据技术、人工智能技术使用过程中的伦理等缺乏详细的规范。

种种问题，需要立法部门抓紧完善和制定相对应的法律法规，明确规范，同时加大执法力度，如此才能真正治理好网络安全存在的问题。

立法是网络安全治理的第一步，执法则是第二步。在执法过程中，执法主体要事前对执法对象进行法律法规的宣传和普及，加强政企的合作和交流，支持网络平台发挥技术优势进行事前的预判；各级、各地区的网信部门联动建立违法信息共享平台，统一网络治理的技术标准，形成全国一盘棋。同时，应对新技术，我们的执法人员应当既懂法治，又懂技术，如此才能精准科学的事前预判、事中监管，对人工智能技术下出现的新问题进行"把脉"，这意味着我们对执法人员人才的选拔和培训显得格外重要。

（二）领导管理

网络安全作为网络强国、数字中国的基础，将在未来的发展中承担托底的重担，网络空间已经成为继陆、海、空、天之后的第五大主权领域空间。

政府在网络安全治理中的地位从单一管理向统筹管理转变，更加强调管理参与主体的分工协调和互补，这样的管理模式更容易形成合力，解决新技术下的新问题。

所以，各级网络安全治理的职能部门应当加强领导管理，完善管理的机制

第六章 计算机人工智能与网络的应用

体制,建立信息共享的平台。同时,在网络安全治理过程中,党员干部应当不断提升自己的网络素养和技术能力,进而提升治网能力,这样才能更好地将领导体制转化为网络安全治理的效能和效果。

(三)技术治网

技术的创新和进步对于网络安全治理至关重要,需要从企业、政府和人才等多个角度来提升技术的高度进行治理。

首先,政府应当出台政策鼓励科技企业网络治理技术的自主创新。新问题的出现需要治理新技术同步应对,高科技企业在技术的研发上具有先天的优势,头部企业更应当发挥其平台和技术的优势,承担社会责任,推动整个行业的创新发展,实现技术上的超越,从而提升整个网络安全治理技术的竞争力。

其次,加强政府和企业在技术创新上的合作和交流。信息共享和技术共享,共同应对新问题,在严格规范新技术应用的基础之上,进一步推动技术的自主创新。

最后,着力培养复合型技术人才,兼具技术和管理双维度专业。我们应当积极培养结构合理、专业复合、数量充沛的网络安全治理人才是当务之急。人才的培养应当从基础教育和研究开始,从专业设置和专业学习开始,形成产学研深度合作,打造优秀的创新技术人才队伍。

(四)内容管控

互联网的传播特点给网络内容管控带来了一定的难度,给内容审核的准确度和全面性带来了一定的挑战。而人工智能时代,智能审核、机器审核给内容管控的有效性带来了可能,极大地提高了内容管控的效率和准确度。因此,我们应当充分利用技术,特别是人工智能技术对网络安全治理的内容管控介入。在内容管控中,需要对内容进行分类,通过建立内容分析的模型对潜在的风险信息进行及时处理,提升信息识别和处理的精准性。

参考文献

[1] 张晶. 计算机技术应用与人工智能研究［M］. 长春：吉林出版集团，2023.08.

[2] 谢文伟，印杰. 人工智能技术丛书深度学习与计算机视觉核心算法与应用［M］. 北京：北京理工大学出版社，2023.04.

[3] 缪际星. 计算机信息安全与人工智能应用研究［M］. 天津：天津科学技术出版社，2023.07.

[4] 莫新菊，黄丽芬，梁妮. 计算机应用与人工智能基础实训指导［M］. 上海：上海交通大学出版社，2023.09.

[5] 张浩. 计算机信息安全与人工智能应用研究［M］. 哈尔滨：哈尔滨工业大学出版社，2023.06.

[6] 李德毅. 计算机前沿技术丛书人工智能软件测试技术［M］. 北京：中国科学技术出版社，2023.02.

[7] 黄亮. 计算机网络安全技术创新应用研究［M］. 青岛：中国海洋大学出版社，2023.01.

[8] 尹宏鹏. 人工智能基础［M］. 重庆：重庆大学出版社，2023.01.

[9] 李进，谭毓安. 人工智能技术丛书人工智能安全基础［M］. 北京：机械工业出版社，2023.04.

[10] 刘丽，鲁斌，李继荣. 人工智能原理及应用［M］. 北京：北京邮电大学出版社，2023.04.

[11] 程显毅，季国华，任雪冬. 人工智能导论［M］. 上海：上海交通大学出版社，2023.

[12] 周志强，缪玲娟. 人工智能基础［M］. 北京：北京理工大学出版社，2023.

[13] 蔡虔，吴华荣，王华金. 信息技术与人工智能概论［M］. 北京：航空工业出版社，2023.09.

[14] 薛亚许. 大数据与人工智能研究［M］. 长春：吉林大学出版社，2023.01.

［15］白辰甲，赵英男．人工智能科学与技术丛书强化学习前沿算法与应用［M］．北京：机械工业出版社，2023.05．

［16］曾照华，白富强．人工智能核心技术解析及发展研究［M］．成都：电子科技大学出版社，2023.03．

［17］杨峰．嵌入式人工智能［M］．成都：电子科技大学出版社，2023.03．

［18］卢盛荣．人工智能与计算机基础［M］．北京：北京邮电大学出版社，2022.08．

［19］董洁．计算机信息安全与人工智能应用研究［M］．北京：中国原子能出版社，2022.03．

［20］司呈勇，汪镭．人工智能基础与应用面向非计算机专业［M］．上海：复旦大学出版社，2022.11．

［21］严云洋，王留洋，申静．大学计算机与人工智能基础：实用教程［M］．上海：上海交通大学出版社，2022.09．

［22］康世瑜，马维华，李民．计算机应用与人工智能基础［M］．上海：上海交通大学出版社，2022.02．

［23］徐卫，庄浩，程之颖．人工智能算法基础［M］．北京：机械工业出版社，2022.08．

［24］郭军．信息搜索与人工智能［M］．北京：北京邮电大学出版社，2022.01．

［25］陈静，徐丽丽，田钧．人工智能基础与应用［M］．北京：北京理工大学出版社，2022.03．

［26］安俊秀，叶剑，陈宏松．人工智能原理、技术与应用［M］．北京：机械工业出版社，2022.07．

［27］周越．人工智能基础与进阶第2版［M］．上海：上海交通大学出版社，2022.08．

［28］王刚，郭蕴，王晨．人工智能技术丛书自然语言处理基础教程［M］．北京：机械工业出版社，2022.01．

［29］由丽，陆薇，刘玲．信息化背景下计算机网络教育发展研究［M］．延吉：延边大学出版社，2022．

［30］王恒，赵国栋．计算机网络理论与管理创新研究［M］．哈尔滨：哈尔滨出版社，2022.09．

［31］毋建军，姜波．计算机视觉应用开发［M］．北京：北京邮电大学出版社，2022.06．

[32] 郭业才. 智能计算原理与实践 [M]. 北京：机械工业出版社，2022.03.

[33] 郭军，徐蔚然. 人工智能导论 [M]. 北京：北京邮电大学出版社，2021.10.

[34] 宝力高. 机器学习、人工智能及应用研究 [M]. 长春：吉林科学技术出版社，2021.03.

[35] 王健，赵国生，赵中楠. 人工智能导论 [M]. 北京：机械工业出版社，2021.09.

[36] 赵宏. 人工智能技术丛书深度学习基础教程 [M]. 北京：机械工业出版社，2021.08.

[37] 聂军. 计算机导论 [M]. 北京：北京理工大学出版社，2021.08.

[38] 王前，龙平，严鲜财. 计算机网络与人工智能发展 [M]. 长春：吉林科学技术出版社，2021.06.

[39] 贺杰，何茂辉. 计算机网络 [M]. 武汉：华中师范大学出版社，2021.01.

[40] 汪军，严楠. 计算机网络 [M]. 北京：北京理工大学出版社，2021.05.

[41] 薛光辉，鲍海燕，张虹. 计算机网络技术与安全研究 [M]. 长春：吉林科学技术出版社，2021.05.

[42] 张帆，赵莉，谭玲丽. 计算机基础 [M]. 北京：北京理工大学出版社，2021.05.

[43] 邓世昆. 计算机网络工程 [M]. 北京：北京理工大学出版社，2021.08.